■ 面向应用型高等院校"十二五"规划教材

结构力学（上）
练习与测试

◎主　审　范钦珊
◎主　编　宋林辉　张丽华
　　　　　赵　桐　蔡　晶

U0361346

 南京大学出版社

图书在版编目（CIP）数据

结构力学.上,练习与测试 / 宋林辉等主编. —南京：
南京大学出版社,2012.3(2024.1重印)
ISBN 978 - 7 - 305 - 09663 - 1

Ⅰ. ① 结…　Ⅱ. ① 宋…　Ⅲ. ① 结构力学—高等
学校—习题集　Ⅳ. ① O342

中国版本图书馆 CIP 数据核字（2012）第 022551 号

出版发行　南京大学出版社
社　　址　南京市汉口路 22 号　　邮　编　210093
书　　名　**结构力学（上）练习与测试**
主　　编　宋林辉　张丽华　赵　桐　蔡　晶
责任编辑　胥橙庭　　　　　　编辑热线　025 - 83686531
照　　排　南京开卷文化传媒有限公司
印　　刷　广东虎彩云印刷有限公司
开　　本　787×1 092　1/16　印张 10.75　字数 248 千
版　　次　2012 年 3 月第 1 版　2024 年 1 月第 10 次印刷
ISBN　978 - 7 - 305 - 09663 - 1
定　　价　33.00 元

网　　址：http://www.njupco.com
官方微博：http://weibo.com/njupco
微信服务号：njuyuexue
销售咨询：(025)83594756

前　言

　　结构力学是力学系列课程中的一门重要课程,也是土木、交通、地下、水利水工等专业的重要专业基础课。在课程体系上,结构力学既是理论力学、材料力学课程的深化和延伸,又是后续专业课程如钢筋混凝土结构、钢结构、地基基础和抗震设计等课程的基础,介于基础课和专业课之间,起着承上启下的作用,在整个专业培养计划中占有重要地位。另外,结构力学还是报考结构工程专业研究生及注册结构工程师资格考试的主要课程。因此,学习和掌握好结构力学的基本概念、基本原理和基本计算、分析方法,对学习后续专业课程以及解决工程实际问题都十分重要。

　　结构力学是固体力学的一个分支,它主要研究工程结构受力和传力的规律以及如何进行结构优化的学科。结构力学研究的内容包括结构的组成规则;结构在各种效应(外力、温度效应、施工误差及支座变形等)作用下的响应,包括内力(轴力、剪力、弯矩、扭矩)的计算,位移(线位移、角位移)计算以及结构在动力荷载作用下的动力响应(自振周期、振型)的计算等。总体而言,结构力学是一门教学内容多、理论性强、技巧性高的课程。

　　根据教学情况来看,学生普遍觉得学习难度大;加之近年来高等学校规模的不断扩大,招生人数大幅度增加,使得学生的整体素质有所下降,并普遍存在基础好、能力强的学生"吃不饱",基础差、能力弱的学生抄作业、厌学掉队的情况,最终导致学习成绩两极分化现象严重。如何在同一个班级中实现不同学生的层次化教学,满足各层次学生的学习所需是目前课堂教学亟待解决的问题。

　　本书结合目前正在实施的"卓越工程师计划",紧贴课堂,在提炼结构力学各章知识体系的基础上,推出层次化的练习题和测试题。其中的习题分为预练题、基础题和提高题三大类:预练题主要是让学生评估自己的课前预习水平的,在预习后、上课前的时间段完成;基础题是围绕各章理论知识的基本概念、基本方法设置的,以供学生课后进行练习,巩固课堂知识;提高题则是针对喜欢思考、乐于探究的学生设置的习题,有一定的难度和深度。从题型上分,练习题又细分为概念判断、简单计算填空和计算题三大类,以便学生全方位、多形式地掌握各章知识。另外,测试题是将各章的基本题型统一为考试试卷的形式,以便学生在学习完本册内容后,可以在固定时间内(120 分钟)对自己的学习水平进行测试。

  全书共分三个部分：第一部分的各章学习指导由蔡晶(1～4章)和赵桐(5～8章)编写，第二部分的各章练习题和第三部分的测试模拟试卷由张丽华(概念判断和填空)和宋林辉(计算题)编写，全书由范钦珊教授主审，并提出了很多宝贵意见。本书可作为高等院校土木工程专业的课堂学习辅导教材，尤其适合于工科类大学的课后练习册。

  本书广泛吸收了优秀的《结构力学》教材和教学辅导书的精华，引用了部分观点、例题和习题，在此谨向文献的作者致以由衷的谢意，同时也对关心该书出版的同行专家和广大读者表示感谢。

  由于作者的水平有限，书中难免存在不妥和疏漏，恳请读者批评指正。

编　者

2012 年 1 月

目　　录

第一部分

各章学习指导

教学大纲

　　《结构力学》是土木工程专业的一门主要的专业基础课，具有较强的理论性及应用性。按照教育部 2008 年审定的《结构力学课程教学基本要求（A 类）》，结合国家正在实施的"卓越工程师计划"培养要求，特制定本教学大纲。

一、教学目的

　　本课程的教学目的是使学生在理论力学、材料力学的基础上，进一步掌握杆件结构体系的强度、刚度、稳定性分析的基本原理和方法，加强学生分析能力、计算能力和自学能力的培养，为他们后续专业课程的学习以及进行结构设计和科研工作的开展打下必要的力学基础。

二、教学内容和要求

　　1. 几何组成分析：掌握平面几何不变体系的基本组成规则及其运用。
　　2. 静定结构受力分析：灵活运用隔离体平衡的方法，熟练掌握梁和刚架内力图的作法以及桁架内力的计算方法，掌握组合结构和拱内力计算方法，了解静定结构的受力特性。
　　3. 虚功原理和结构位移计算：理解变形体虚功原理的内容及其应用，熟练掌握静定结构在荷载作用下位移的计算方法，掌握静定结构在温度变化、支座移动影响下位移的计算方法，了解互等定理。
　　4. 影响线：理解影响线的概念，掌握静力法作静定梁、桁架的内力影响线，了解机动法作影响线，会利用影响线求移动荷载下结构的最大内力。
　　5. 力法：掌握力法的基本原理，会用力法计算超静定结构在荷载、支座移动、温度变化作用下的内力，了解超静定结构位移计算的特点，了解超静定结构的力学特性。
　　6. 位移法：掌握位移法的基本原理和刚架在荷载作用下的计算。
　　7. 力矩分配法：理解力矩分配法的概念，会用力矩分配法计算连续梁和无侧移刚架。

三、教学课时安排

结构力学上册(4 学分,64 学时)

章节	讲课	习题课
绪论	2	
结构的几何构造分析	4	2
静定结构的受力分析	8	4
影响线	6	
虚功原理与结构位移计算	8	2
力法	8	4
位移法	6	2
渐近法及其他算法简述	6	2

四、考核方式

总评成绩＝平时成绩(30％)＋期末考试成绩(70％)。

第1章　绪　论

一、教学目标

1. 了解选取结构计算简图的基本原则,熟悉杆系结构的组成规律。

2. 研究杆件结构在荷载等外在因素作用下,结构内力和变形的计算原理及方法,进而对结构的承载能力和刚度进行验算;结构的稳定性、结构极限承载能力的计算原理与方法。

3. 研究杆件结构在动力荷载作用下,结构的动力性态和动力响应及其计算原理与方法。

4. 在教学过程中,注重对学生能力的培养,使他们在分析、计算、自学及表达等方面的能力得到全面的提高。

二、内容概要

1. 结构计算简图以分清主次、略去细节、并有利于结构的分析和计算为选取原则,对体系、支座、杆件及荷载进行简化。

2. 平面杆件结构的分类:梁、刚架、桁架、组合结构。

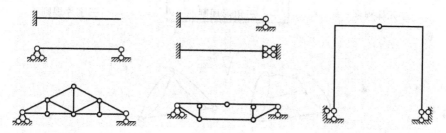

3. 荷载的分类。

三、教学内容的深化和拓宽

适当介绍各类新型建筑结构,以扩大学生的视野。结构力学课程在土木工程专业教学计划中起着承上启下的作用,简要说明它与后续专业课程的关系,激发学生的学习积极性。

第2章 结构的几何构造分析

一、教学目标

1. 掌握自由度、约束、必要约束、多余约束及等效约束的概念。
2. 掌握几何不变体系、可变体系及瞬变体系的概念。
3. 熟练掌握几何不变体系的组成规则,对平面杆件体系的几何组成性质进行分析。
4. 了解平面体系自由度的计算方法。
5. 了解体系的几何组成性质与静力特性之间的关系。

二、内容概要

1. 几何不变体系的组成规则。

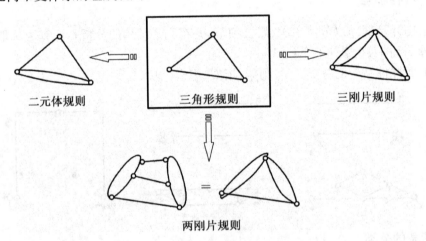

二元体规则　　　三角形规则　　　三刚片规则

两刚片规则

2. 可变体系及瞬变体系。

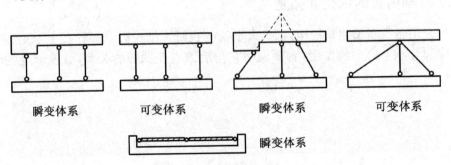

瞬变体系　　可变体系　　瞬变体系　　可变体系

瞬变体系

三、教学内容的深化和拓宽

1. 三刚片体系中分别有一个虚铰、两个虚铰和三个虚铰在无穷远处时几何组成性质的判断。

2. 零载法分析体系的几何组成。

3. 对空间结构的几何组成分析。

四、典型例题及解题标准步骤

1. 先找出第一个基本构造单元,然后在此基础上扩大,把装配过程分析清楚。

2. 对等效约束进行替换。

3. 注意装配方式,有的体系只有一种装配方式,有的体系却有几种装配方式。

4. 有些结构体系的几何构造比较复杂,需要采用零载法进行分析。

L-2.1 试分析图示体系的几何组成。

分析过程:

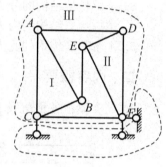

1. AB、BC、CA 通过铰 A、B、C(三铰不在同一直线上),形成刚片 I。

2. DE、EF、FD 通过铰 D、E、F(三铰不在同一直线上),形成刚片 II。

3. 刚片 I、刚片 II 通过三根链杆 AD、CF、BE(相互不平行、不交于一点)形成刚片 III。

4. 大地、刚片 III 通过铰 F 和 C 处链杆(三铰不在同一直线上)形成无多余约束的几何不变体系。

结论:

该结构为无多余约束的几何不变体系。

第3章 静定结构的受力分析

一、教学目标

1. 了解截面内力的正负号规定,理解梁式杆上荷载和内力之间的微分关系。
2. 灵活运用隔离体的平衡条件,计算梁和刚架约束反力及指定截面的内力值;利用叠加法或分段叠加法绘制直杆的内力图,并用荷载与内力的微分关系进行校核。
3. 了解桁架结构的分类,熟练掌握桁架结构的内力计算方法。
4. 掌握组合结构的内力计算方法;了解拱结构的内力计算方法。
5. 了解静定结构的受力特性。

二、内容概要

1. 简支梁在各种荷载下的弯矩图。

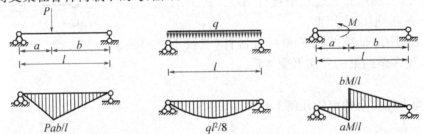

2. 叠加法和分段叠加法,竖、连、叠加。
3. 基本部分、附属部分。
4. 桁架结构的分类,内力计算时零杆的判断,结点法和截面法,联合法。
5. 组合结构中的梁式杆和二力杆。

三、教学内容的深化和拓宽

1. 斜梁的内力计算及内力图绘制。
2. 复杂结构的内力图绘制技巧。
3. 拱的定义与分类;三铰拱支反力和内力计算。
4. 简要介绍静定空间刚架的特点。

四、典型例题及解题标准步骤

1. 用截面法求指定截面的内力。

2. 多跨静定梁的内力计算。

3. 悬臂刚架、简支刚架、三铰刚架、复合刚架的内力计算。

4. 理想桁架的内力计算。

5. 组合结构的内力计算。

6. 三铰拱的内力计算。

L-3.1　**试求图示多跨梁的弯矩图。**

解：(1) 结构构造分析。

经分析，图示结构 AB 为基本部分，BD 为附属部分，如下图所示。

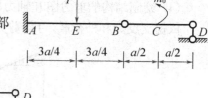

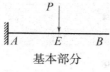

基本部分　　　　　　　　附属部分

(2) 单跨梁的弯矩计算。

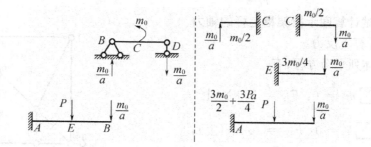

(3) 结构的弯矩图。

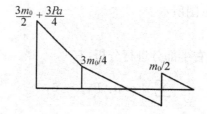

L-3.2　**试求图示刚架的内力图。**

解：(1) 计算支反力。

对刚架整体列平衡方程，有

$$\sum m_A = 0: F_{RB} = 62 \text{ kN}(上);$$

$$\sum Y = 0: F_{AY} = 38 \text{ kN}(上);$$

$$\sum X = 0: F_{AX} = 20 \text{ kN}(左)。$$

经计算，可得支反力，如右图所示。

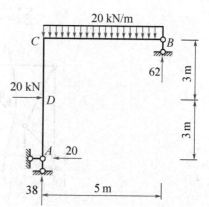

（2）计算控制截面处的弯矩值。

分析可知，截面 C、D 为控制截面，则：

$M_C = 20 \times 5 \times 2.5 - 62 \times 5 = -60 (\text{kN} \cdot \text{m})(\text{下拉})$；

$M_D = 20 \times 3 = 60 (\text{kN} \cdot \text{m})(\text{右拉})$。

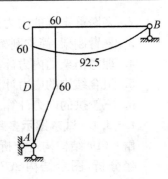

（3）绘制结构的弯矩图。

综合上述计算值，可得弯矩图如右图所示。

（4）绘制结构的剪力图和轴力图。

依据支反力和外荷载，可得剪力图和轴力图如下所示。

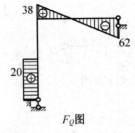
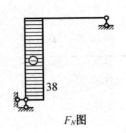

F_Q图　　　　　　　　　　F_N图

L-3.3　试计算图示桁架指定杆的轴力。

解：（1）计算支反力。

对桁架整体列平衡方程，有

$$\sum m_4 = 0：F_{3Y} = 10 \text{ kN}(\text{上})；$$

$$\sum Y = 0：F_{4Y} = 10 \text{ kN}(\text{上})；$$

$$\sum X = 0：F_{4X} = 0。$$

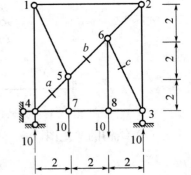

经计算，可得支反力如右图所示。

（2）计算 b 杆轴力。

截取 $I - I$ 截面，并选取右半部分进行分析，有

$$\sum Y = 0：F_{Nb} = 0；$$

$$\sum m_2 = 0：F_{N78} = \frac{10}{3} \text{ kN}(\text{拉})。$$

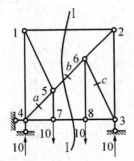
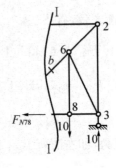

（3）计算 a 杆轴力。

截取Ⅱ-Ⅱ截面,并选取左半部分进行分析,有

$$\sum X = 0:\ F_{Na} = -\frac{10\sqrt{2}}{3}\ \text{kN(压)}。$$

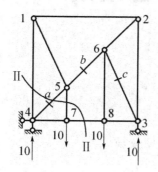
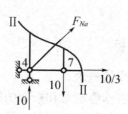

（4）计算 c 杆轴力。

截取Ⅲ-Ⅲ截面,并选取下半部分进行分析,有

$$\sum X = 0:\ F_{Nc} = -\frac{10\sqrt{5}}{3}\ \text{kN(压)}。$$

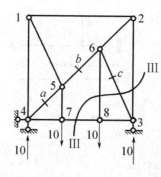
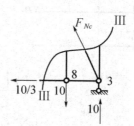

因此,所求桁架杆的轴力为

$$F_{Na} = -\frac{10\sqrt{2}}{3}\ \text{kN(压)};\quad F_{Nb} = 0;\quad F_{Nc} = -\frac{10\sqrt{5}}{3}\ \text{kN(压)}。$$

第 4 章　影响线

一、教学目标

1. 理解影响线的概念。
2. 会用静力法作静定梁和桁架的影响线。
3. 会用机动法作静定梁的影响线。
4. 会利用影响线寻找移动荷载作用下某量值的最不利位置,并计算其最大内力。

二、内容概要

1. 移动荷载与影响线。
2. 静力法作影响线。

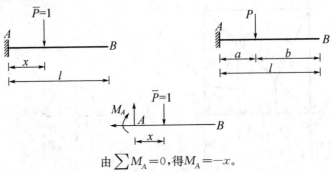

由 $\sum M_A = 0$,得 $M_A = -x$。

分析影响线和内力图的区别,如下图所示。

M_A 影响线

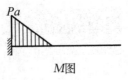

M 图

3. 间接荷载作用下,影响线绘制步骤。
4. 刚体的虚功原理,机动法作影响线。
5. 影响线的应用:
(1) 计算各种荷载作用下的内力;
(2) 移动荷载的最不利位置判断。

三、教学内容的深化和拓宽

1. 公路、铁路的标准荷载制及换算荷载为道桥方向选学内容。
2. 绘制简支梁的内力包络图和求简支梁绝对最大弯矩的办法。
3. 利用机动法作连续梁内力的影响线，了解连续梁的内力包络图。
4. 了解超静定梁的影响线的绘制方法。

四、典型例题及解题标准步骤

1. 静力法作影响线。
2. 结点荷载作用下影响线的作法。
3. 用机动法作静定梁的影响线。
4. 影响线的应用。

L‐4.1　试用静力法作图中悬臂梁 F_{yA}、M_A 的影响线。

解：（1）截取隔离体。

在 A 点断开，选择如右图所示的隔离体。

（2）计算 F_{yA} 的影响线。

列平衡方程：

$$\sum Y = 0：F_{yA} = 1。$$

则其影响线如右图所示。

（3）计算 M_A 的影响线。

列平衡方程：

$$\sum m_A = 0：M_A = -x(0 \leqslant x \leqslant l)。$$

则其影响线如右图所示。

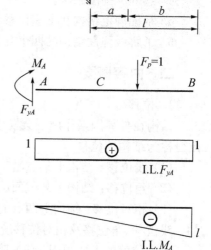

第5章　虚功原理与结构位移计算

一、教学目标

1. 理解变形体系虚功原理的内容及其两种应用。
2. 理解计算结构位移的单位荷载法。
3. 熟练掌握静定结构在荷载作用下的位移计算方法。
4. 熟练掌握图乘法。
5. 掌握静定结构在支座位移和温度变化时的位移计算方法。
6. 了解线弹性结构的四个互等定理。

二、内容概要

1. 位移

结构在外界因素作用下会发生变形,因此而使结构各点的位置发生相应的改变,这种改变称为结构的位移。

(1) 线位移:结构上某点沿直线方向移动的距离。

(2) 角位移:结构上某截面旋转的角度。

(3) 相对位移:结构上两点的相对线位移或两截面的相对转角。

线位移、角位移及相对位移统称为广义位移。

产生位移的主要原因:(1) 荷载作用;(2) 温度改变和材料胀缩;(3) 支座沉降和制造误差。

2. 计算位移的目的

(1) 验算结构的刚度;

(2) 为超静定结构的内力分析打基础。

3. 实功和虚功的概念

实功:是力在自身引起的位移上所做的功,如 W_{11},W_{22}。实功恒为正。

虚功:是力在其他原因产生的位移上做的功。当力与位移同向,虚功为正;当力与位移反向,虚功为负。如 W_{12},W_{21}。

4. 变形体系的虚功原理

变形体系的虚功原理:设变形体在力系作用下处于平衡状态,又由于其他原因产生符合约束条件的微小连续变形,则外力在位移上做的外虚功 W_e 恒等于各微段受力在变形上做的内虚功之和 W_i。

5. 广义力与广义位移

做功的两方面因素：力、位移。与力有关的因素，称为广义力 F；与位移有关的因素，称为广义位移 Δ。广义力与广义位移的关系是：它们的乘积是虚功，即 $W = F\Delta$。

广义力	广义位移
单个力	力作用点沿力作用方向上的线位移
单个力偶	力偶作用截面的转角
等值反向共线的一对力	两力作用点间距的改变，即两力作用点的相对位移 Δ
一对等值反向的力偶	两力偶作用截面的相对转角 Δ

6. 结构位移计算的一般公式推导

（1）给定一实际状态；

（2）假设一虚拟状态；

（3）利用虚力原理（单位荷载法）推导一般公式。

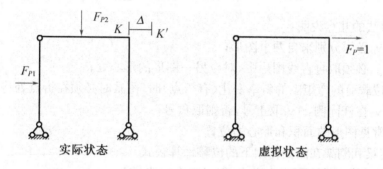

单位荷载法位移计算的一般公式：

$$\Delta = \sum \int (\overline{F}_N \varepsilon + \overline{F}_Q \gamma + \overline{M}k) \mathrm{d}s - \sum \overline{F}_{RK} C_K。$$

单位荷载法位移计算步骤：

① 沿着拟求位移的方向，虚设相应的广义单位荷载；

② 由平衡条件求出单位荷载产生的内力和反力；

③ 由公式求位移。

7. 单位力设置法

在欲求位移处沿所求位移方向加上相应的广义单位力。

（1）求绝对线位移时，加单位力 1；

（2）求绝对角位移时，加单位力偶 1；

（3）求相对线位移时，在两点处同时施加一对方向相反的单位力 1；

（4）求相对角位移时，在两点处同时施加一对方向相反的单位力偶 1。

8. 静定结构在荷载作用下的位移计算公式

$$\Delta = \sum \int \left(\frac{\overline{F}_N F_{NP}}{EA} + k \frac{\overline{F}_Q F_{QP}}{GA} + \frac{\overline{M}M_P}{EI} \right) \mathrm{d}s。$$

9. 静定梁和刚架的位移计算公式与应用

梁和刚架：只考虑弯曲变形的影响。

$$\Delta = \sum \int \frac{\overline{M}M_P}{EI} \mathrm{d}s 。$$

10. 静定桁架的位移计算公式与应用

桁架：各杆只有轴力，且轴力和刚度沿杆长不变。

$$\Delta = \sum \int \frac{\overline{F}_N F_{NP}}{EA} \mathrm{d}s = \sum \frac{\overline{F}_N F_{NP} l}{EA} 。$$

11. 图乘法

(1) 图乘法的适用条件：$EI=$常数；直杆；两个弯矩图至少有一个是直线。

(2) 图乘法公式：

$$\Delta = \sum \int \frac{\overline{M}M_P}{EI} \mathrm{d}s = \sum \frac{Ay_0}{EI} 。$$

(3) 图乘法的几点说明：

① A 和 y_0 必须分别来自两个图形；

② 竖标 y_0 必须取自直线图形中，对应另一图形的形心处；

③ 当单位载荷的弯矩图的斜率变化(有折点)时，图乘时必须在折点处将图形分块；

④ A 与 y_0 在杆同侧，Ay_0 取正号，否则取负号；

⑤ 几种常见图形的面积和形心的位置。

12. 静定梁和刚架在温变作用下的位移计算公式

温度改变对静定结构不产生内力，但材料自由胀、缩。

(1) 公式：

$$\Delta = \pm \frac{\alpha \Delta t}{h} \int \overline{M} \mathrm{d}s + \alpha t_0 \int \overline{F}_N \mathrm{d}s 。$$

(2) 正负号规定。

13. 支座移动时的位移计算公式

静定结构由于支座移动不会产生内力和变形，所以当静定结构只有支座移动而无其他因素作用时，位移计算公式为

$$\Delta = - \sum \overline{F}_{RK} C_K 。$$

等号右边的负号是公式推导而得出，不能去掉。

14. 功的互等定理

功的互等定理：在任一线性变形体系中，状态①的外力在状态②的位移上做的功 W_{12} 等于状态②的外力在状态①的位移上做的功 W_{21}，即 $W_{12} = W_{21}$。

15. 位移互等定理

位移互等定理：由单位荷载 $F_{P1}=1$ 所引起的与荷载 F_{P2} 相应的位移 δ_{21} 等于由单位

荷载 $F_{P2}=1$ 所引起的与荷载 F_{P1} 相应的位移 δ_{12}。

16. 反力互等定理

反力互等定理:在任一线性变形体系中,由单位位移 $c_1=1$ 所引起的与位移 c_2 相应的反力 r_{21} 等于由单位位移 $c_2=1$ 所引起的与位移 c_1 相应的反力 r_{12}。反力互等定理仅用于超静定结构。

三、教学内容的深化和拓宽

具有弹性支座的静定结构的位移计算。

四、典型例题及解题标准步骤

1. 静定结构在荷载作用下的位移计算——梁、刚架、桁架。
2. 静定梁和刚架在温变作用下的位移计算。
3. 桁架杆件因制造误差引起的位移计算。
4. 功的互等定理。

L‑5.1 试求图示结构 C 点的水平位移,EI 为常数。

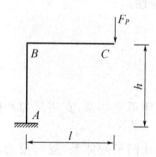

解:(1)绘制外荷载作用下的弯矩图。

(2)虚设单位力,并绘制弯矩图。

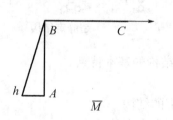
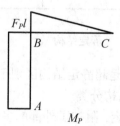

(3)图乘法计算位移。

$$\Delta_{CH} = \frac{1}{EI} \times \frac{h \times h}{2} \times F_P l = \frac{F_P l h^2}{2EI}。$$

第6章　力　法

一、教学目标

1. 掌握力法基本原理,能正确判定超静定次数,并选取力法基本结构。
2. 熟练掌握在荷载作用下用力法计算各种超静定结构的方法和步骤。
3. 掌握在支座位移、温度变化等因素作用下,力法计算超静定结构的方法。
4. 掌握利用结构的对称性简化计算的方法。
5. 掌握超静定结构的位移计算及校核最终内力图的方法。
6. 了解超静定结构的一般特性。

二、内容概要

1. 超静定结构

(1) 超静定结构的基本特性

静定结构:无多余约束的几何不变体系,支座反力和内力都可以用静力平衡方程唯一地确定。

超静定结构:有多余约束的几何不变体系,支座反力和内力不能完全由静力平衡方程唯一地确定。

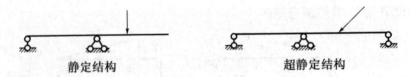

静定结构　　　　　　　　　超静定结构

约束有多余,是超静定结构区别于静定结构的基本特点。

(2) 超静定结构分类

① 外部超静定:附加了外部的多余约束的结构。
② 内部超静定:无法应用截面法求出所有内力的结构。
③ 混合超静定:既是外部超静定又是内部超静定的结构。

2. 超静定次数的确定

(1) 超静定次数

超静定次数:多余约束的个数,即把原结构变成静定结构时所需去掉多余约束的数目。

（2）确定超静定次数的方法

撤除多余约束的方式：

① 撤除一根支杆、切断一根链杆、把固定端化成固定铰支座或在连续杆上加铰，等于撤除了一个约束。

② 撤除一个铰支座、撤除一个单铰或撤除一个滑动支座，等于撤除两个约束。

③ 撤除一个固定端或切断一个梁式杆，等于撤除三个约束。

撤除约束时需要注意的几个问题：

① 同一结构用不同方式撤除多余约束，其超静定次数相同。

② 撤除一个支座约束用一个多余未知力代替，撤除一个内部约束用一对作用力和反作用力代替。

③ 内外多余约束都要撤除。

④ 不要把原结构撤成几何可变或几何瞬变体系。

3. 力法解题思路

欲求超静定结构，先取一个基本体系，然后让基本体系在受力方面和变形方面与原结构完全一样。

4. 力法的特点

① 基本体系：静定结构。

② 基本未知量：多余未知力（超静定次数＝多余约束的个数＝多余未知力的个数）。

③ 基本方程：位移条件。

5. 二次超静定结构的力法典型方程

$$\delta_{11} X_1 + \delta_{12} X_2 + \Delta_{1P} = 0;$$

$$\delta_{21} X_1 + \delta_{22} X_2 + \Delta_{2P} = 0。$$

6. n 次超静定结构的力法典型方程

$$\delta_{11} X_1 + \delta_{12} X_2 + \cdots + \delta_{1n} X_n + \Delta_{1P} = 0;$$

$$\delta_{21} X_1 + \delta_{22} X_2 + \cdots + \delta_{2n} X_n + \Delta_{2P} = 0;$$

$$\vdots$$

$$\delta_{n1} X_1 + \delta_{n2} X_2 + \cdots + \delta_{nn} X_n + \Delta_{nP} = 0。$$

7. 力法典型方程中系数和自由项的计算

梁和刚架：

$$\delta_{ii} = \sum \int \frac{\overline{M}_i^2}{EI} ds; \quad \delta_{ij} = \sum \int \frac{\overline{M}_i \overline{M}_j}{EI} ds; \quad \Delta_{iP} = \sum \int \frac{\overline{M}_i M_P}{EI} ds。$$

8. 力法内力图绘制方法

最后绘制内力图由叠加法绘出：

$$M = \sum_{i=1}^{n} \overline{M}_i X_i + M_P; \quad F_N = \sum_{i=1}^{n} \overline{F}_{Ni} X_i + F_{NP}。$$

9. 力法求解超静定结构的步骤

力法计算步骤可归纳如下：

(1) 确定超静定次数,选取力法基本体系；

(2) 按照位移条件,列出力法典型方程；

(3) 画单位弯矩图、荷载弯矩图,求系数和自由项；

(4) 解方程,求多余未知力；

(5) 叠加最后弯矩图。

10. 力法求解荷载作用下各类超静定结构的内力

(1) 超静定梁；

(2) 超静定刚架；

(3) 超静定桁架；

(4) 超静定组合结构；

(5) 铰接排架。

11. 对称结构

对称结构：结构的几何形式和支承情况对某轴对称,杆件截面和材料性质也对此轴对称。

对称荷载：绕对称轴对折后,对称轴两边的荷载等值、作用点重合、同向。

反对称荷载：绕对称轴对折后,对称轴两边的荷载等值、作用点重合、反向。

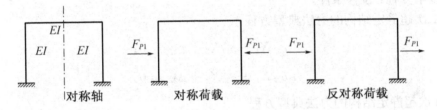

作用在对称结构上的任何荷载都可分解为两组：对称荷载、反对称荷载。

12. 利用对称性的方法

(1) 选取对称的基本结构

选取对称的基本结构,这样可以简化计算。

(2) 半结构法(等代结构法)

① 对称结构在对称荷载作用下,内力、变形及位移是对称的。

(a) 对称荷载作用下奇数跨(无中柱)对称结构的等代结构是将对称轴上的截面设置成定向支座。

(b) 偶数跨(有中柱)对称结构在对称荷载下的等代结构是将对称轴上的刚结点、组合结点化成固定端,铰结点化成固定铰支座。

② 对称结构在反对称荷载作用下,内力、变形及位移是反对称的。

(a) 无中柱对称结构的等代结构是将对称轴上的截面设置成支杆。

(b) 有中柱对称结构的等代结构是将中柱刚度折半,结点不变。

③ 对称结构受对称(或反对称)荷载作用时的计算要点。

（a）选取等代结构。

（b）对等代结构进行计算，绘制弯矩图。

（c）利用对称或反对称性作原结构的弯矩图。

13. 支座产生位移时超静定结构的计算

支座移动时的力法计算特点：

（1）取不同的基本体系，不仅力法方程代表的位移条件不同，而且力法方程的形式也可能不一样，方程的右边可能不为零（＝正或负与多余未知力对应的支座位移，如多余未知力与支座位移同向取正号，反向取负号）。

（2）力法方程的自由项是基本结构由支座位移产生的。

（3）内力全由多余未知力产生。

14. 温度变化时超静定结构的计算

温度变化时超静定结构的计算（仅自由项计算与荷载作用时不同）：

（1）自由项是基本结构由温度变化引起的位移。

（2）内力全部由多余未知力产生。

（3）温度变化引起内力与杆件 EI 成正比。

15. 荷载作用下超静定结构的位移计算

因为原结构与基本体系受力和变形相同，所以求原结构的位移就归结为求基本体系的位移。计算超静定结构的位移，虚拟的单位荷载可以加在任一基本结构上，单位弯矩图、计算过程虽不同，但计算结果相同。

16. 支座移动时超静定结构的位移计算

17. 温度变化时超静定结构的位移计算

18. 超静定结构计算的校核

（1）校核工作很重要

① 重视校核工作，培养校核习惯。

② 校核不是重算，而是运用不同方法进行定量校核；或根据结构的性能进行定性的判断或近似的估算。

③ 计算书要整洁易懂，层次分明。

④ 分阶段校核，及时发现小错误。

（2）最后内力图总校核

① 平衡条件的校核。

② 位移条件的校核。

19. 超静定结构的一般特性

（1）超静定结构是有多余约束的几何不变体系。因此，超静定结构的全部内力和反力仅有平衡条件是不够的，还必须考虑变形条件。

① 超静定结构的多余约束被破坏，仍能继续承载，具有较高的防御能力。

② 超静定结构的整体性好，内力较均匀且峰值小。

③ 超静定结构具有较强的刚度和稳定性。

（2）静定结构的内力与各杆刚度无关，而超静定结构的内力与材料性能和截面几何特征(即刚度)有关。

（3）超静定结构在非荷载因素下一般会产生内力

温度改变、支座移动、材料收缩、制造误差等因素对超静定结构会产生内力（自内力状态）。

一般情况下，非荷载外因引起的内力与各杆的刚度绝对值成正比。因此，为了提高结构对温度改变和支座移动等因素的抵抗能力，增大结构截面尺寸不是明智的选择。工程实践中，设置沉降缝、温度缝等来防止、消除或减轻自内力的影响。

三、教学内容的深化和拓宽

1. 具有弹性支座时超静定结构的计算。
2. 利用超静定结构作基本结构。
3. 支座位移、温度变化等因素影响下超静定结构的内力校核。
4. 勾画超静定结构在荷载作用下大致的变形曲线的方法。

四、典型例题及解题标准步骤

1. 力法求解荷载作用下各类超静定结构的内力。
2. 利用对称性的方法。
3. 支座位移时超静定结构的计算。
4. 温度变化时超静定结构的计算。
5. 超静定结构的位移计算。

L‑6.1　试用力法作图示结构的 M 图，EI 为常数。

解：（1）选择基本体系。

分析可知，该结构为一次超静定结构，基本体系如下图。

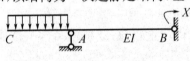

基本体系

（2）基本方程。

$$\delta_{11} \cdot X_1 + \Delta_{1P} = 0。$$

（3）作 M_P、$\overline{M}$图。

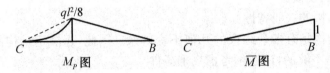

M_P 图　　　　　$\overline{M}$ 图

（4）计算系数和自由项。

$$\delta_{11} = \frac{1}{EI}\left(\frac{1}{2} \times l \times \frac{2}{3} \times 1\right) = \frac{l}{3EI};$$

$$\Delta_{1P} = \frac{1}{EI}\left(\frac{1}{2} \times l \times \frac{ql^2}{8} \times \frac{1}{3}\right) = \frac{ql^3}{48EI}。$$

（5）解方程求未知量。

$$X_1 = -\frac{ql^2}{16}。$$

（6）绘制结构弯矩图。

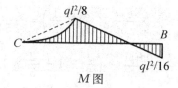

M 图

L‑6.2 **试写出用力法计算图示结构的典型方程，并求出方程中的全部系数和自由项（不求解方程）。已知各杆 EI＝常数。**

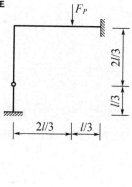

解：（1）选择基本体系。

分析可知，该结构为两次超静定结构，基本体系如下图。

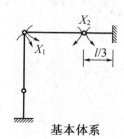

基本体系

（2）基本方程。

$$\delta_{11}X_1 + \delta_{12}X_2 + \Delta_{1P} = 0;$$

$$\delta_{21}X_1 + \delta_{22}X_2 + \Delta_{2P} = 0。$$

（3）作 $\overline{M}_1$、$\overline{M}_2$、M_P 图。

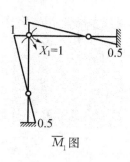

$\overline{M}_1$ 图

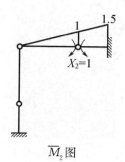

$\overline{M}_2$ 图

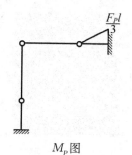

M_P 图

(4) 计算系数和自由项。

$$\delta_{11} = \frac{2}{EI}\left(\frac{1}{2}\times\frac{2l}{3}\times1\times\frac{2}{3}+\frac{1}{2}\times\frac{l}{3}\times0.5\times\frac{2}{3}\times0.5\right)=\frac{1}{2EI};$$

$$\delta_{22} = \frac{1}{EI}\left(\frac{1}{2}\times l\times1.5\times1\right)=\frac{3l}{4EI};$$

$$\delta_{12} = \delta_{21} = 0;$$

$$\Delta_{1P} = -\frac{1}{EI}\left(\frac{1}{2}\times\frac{l}{3}\times\frac{F_P l}{3}\times\frac{2}{3}\times\frac{1}{2}\right)=-\frac{F_P l^2}{54EI};$$

$$\Delta_{2P} = \frac{1}{EI}\left[\frac{1}{2}\times\frac{l}{3}\times\frac{F_P l}{3}\times\left(\frac{1}{3}\times1+\frac{2}{3}\times1.5\right)\right]=\frac{2F_P l^2}{27EI}.$$

第7章 位移法

一、教学目标

1. 掌握位移法的基本概念，正确判断位移法基本未知量，理解位移法典型方程的物理意义以及方程中系数和自由项的物理意义。

2. 记住三种单跨超静定梁的形常数及常见荷载（三种）作用下的载常数。

3. 熟练掌握用位移法基本体系和典型方程的解法计算超静定刚架在荷载作用下的内力，掌握超静定刚架在支座位移时的计算。

4. 了解超静定刚架在温度变化时的计算。

5. 了解直接利用平衡条件建立位移法方程的解法。

二、内容概要

1. 超静定结构的计算思路

超静定结构的计算思路：欲求超静定结构，先取一个基本结构，然后让基本结构在受力和变形方面与原结构完全一样。

（1）对于线弹性体系，只要基本体系与原结构变形一致，受力自然相同；反之受力一致，变形自然相同。

（2）力法是通过两者变形一致从而达到受力相同；位移法是通过两者受力一致从而达到变形相同。

2. 杆端弯矩及杆端位移的正、负号规定

（1）杆端转角 θ_A、θ_B，弦转角 $\beta = \Delta / l$ 都以顺时针为正。

（2）杆端弯矩对杆端以顺时针为正，对结点或支座以逆时针为正。剪力规定同前。

（3）作用于结点的外力偶、约束力矩，以顺时针转动为正号。

3. 三种单跨超静定梁（等截面直杆）的形常数和载常数

形常数：单位杆端位移引起的单跨超静定梁的杆端力（刚度系数）。

载常数：由跨间荷载引起的单跨超静定梁的固端力。

4. 转角位移方程、杆端弯矩的一般公式

（1）两端刚结或固定的等直杆

$$M_{AB} = 4i\theta_A + 2i\theta_B - 6i\frac{\Delta}{l} + M_{AB}^F ;$$

$$M_{BA} = 2i\theta_A + 4i\theta_B - 6i\frac{\Delta}{l} + M_{BA}^F \text{。}$$

（2）一端铰接或铰支的等直杆

$$M_{AB} = 3i\theta_A - 3i\frac{\Delta}{l} + M_{AB}^F \text{；}$$

$$M_{BA} = 0 \text{。}$$

常用载常数和形常数表

单跨超静定梁类型	序号	载常数	形常数
两端固定	1	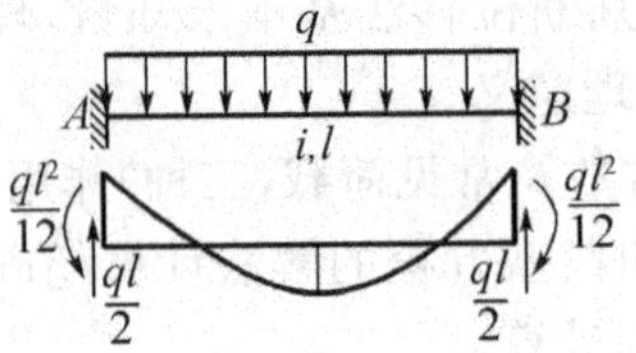	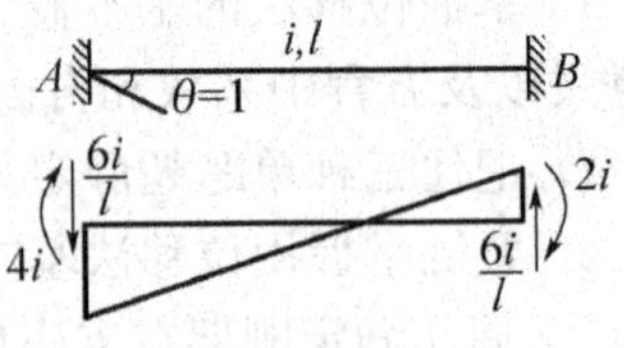
	2	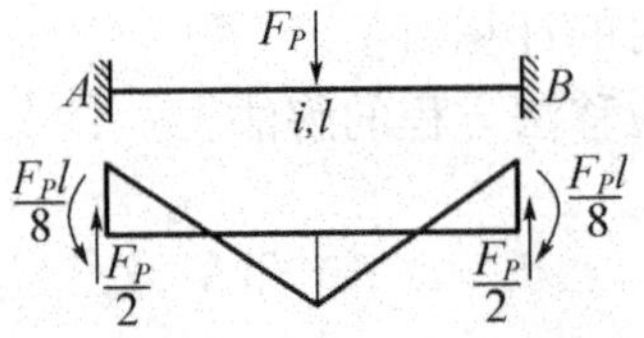	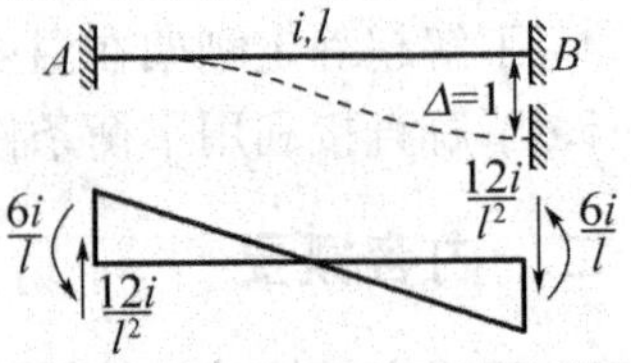
一端固定＋一端铰支	3	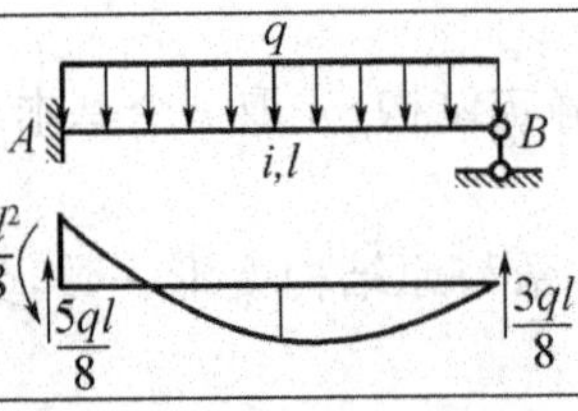	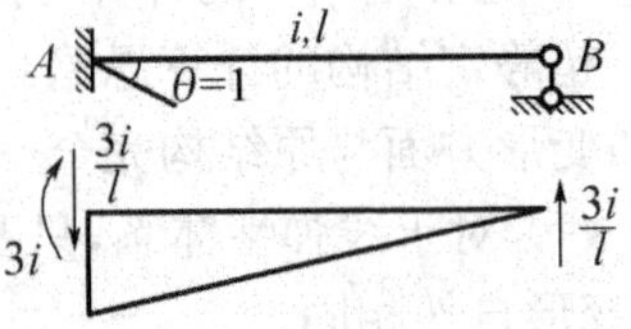
	4	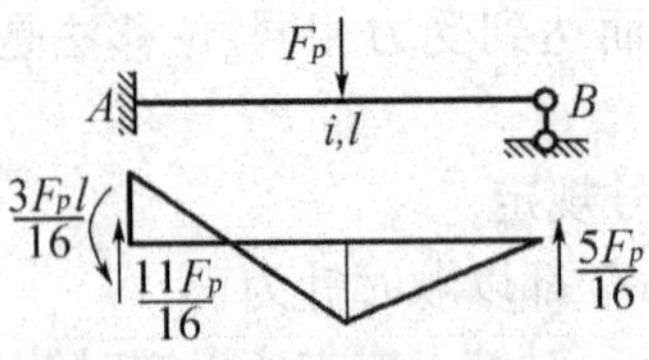	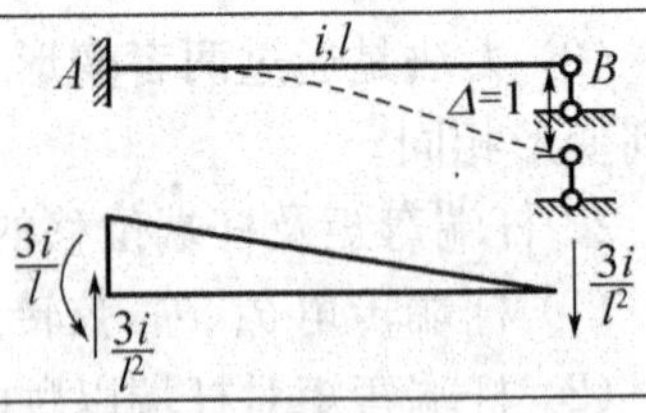
一端固定＋一端滑动	5	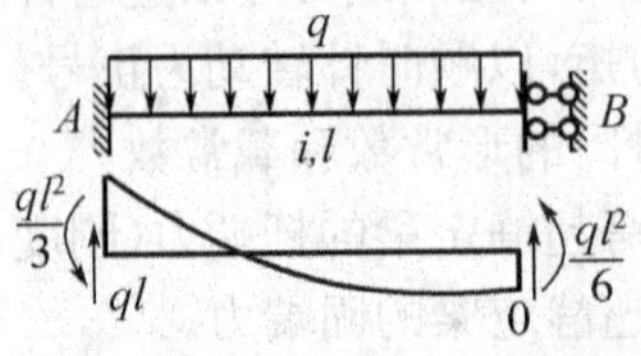	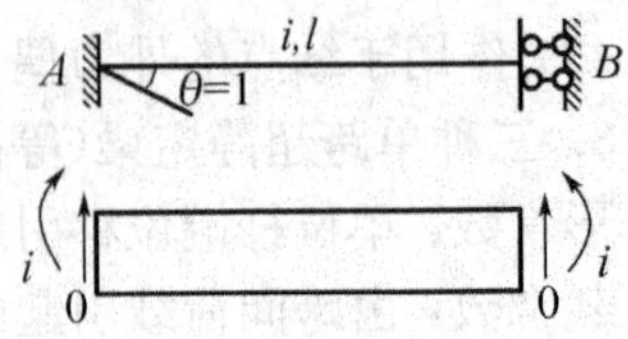
	6	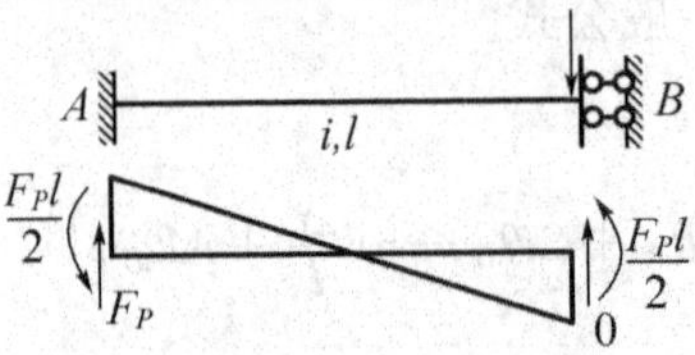	

（3）一端为滑动支承的等直杆

$$M_{AB} = i\theta_A - i\theta_B + M_{AB}^F;$$

$$M_{BA} = i\theta_B - i\theta_A + M_{BA}^F。$$

5. 位移法的基本未知量确定

位移法的基本未知量是结构内部结点（不包括支座结点）的转角或线位移，因为单跨超静定梁的弯矩表达式中已经反映了支座位移（转角、线位移）的影响。

结点角位移的数目等于刚结点的数目，即结构有几个刚结点就有几个结点转角未知量。

若一个结构需附加 n 根链杆才能使所有内部结点无线位移，则该结构线位移未知量的数目就是 n。

6. 位移法的基本结构

基本结构的确定：附加刚臂阻止结点的转动；附加链杆使所有内部结点无线位移。基本结构就是加了附加约束、完全锁住结点位移得到的超静定梁的组合体。

7. 位移法方程

位移法方程的含义：基本体系在结点位移和荷载共同作用下产生的附加约束中的总约束力（矩）等于零。实质上是平衡条件。

（1）两个未知量的结构

$$k_{11}\Delta_1 + k_{12}\Delta_2 + F_{1P} = 0;$$

$$k_{21}\Delta_1 + k_{22}\Delta_2 + F_{2P} = 0。$$

（2）n 个未知量的结构

$$k_{11}\Delta_1 + k_{12}\Delta_2 + \cdots + k_{1n}\Delta_n + F_{1P} = 0;$$

$$k_{21}\Delta_1 + k_{22}\Delta_2 + \cdots + k_{2n}\Delta_n + F_{2P} = 0;$$

$$\vdots$$

$$k_{n1}\Delta_1 + k_{n2}\Delta_2 + \cdots + k_{nn}\Delta_n + F_{nP} = 0。$$

8. 用位移法计算超静定结构在荷载作用下的内力

位移法计算步骤可归纳如下：

（1）确定基本未知量。

（2）确定位移法基本体系。

（3）建立位移法典型方程。

（4）画单位弯矩图、荷载弯矩图。

（5）由平衡求系数和自由项。

（6）解方程，求基本未知量。

（7）按 $M = \sum M_i \cdot \Delta_i + M_P$ 叠加得到最后弯矩图。

（8）利用平衡条件由弯矩图求剪力，由剪力图求轴力。

（9）校核平衡条件。

9. 支座位移时的计算

10. 温度变化时的计算

三、教学内容的深化和拓宽

1. 斜杆的位移未知量数目计算。

2. 带刚度无穷大杆件的结构内力计算。

四、典型例题及解题标准步骤

1. 位移法求解荷载作用下各类超静定结构的内力。

2. 利用对称性的方法。

3. 支座位移时超静定结构的计算。

4. 温度变化时超静定结构的计算。

5. 超静定结构的位移计算。

L-7.1 试用位移法计算连续梁的弯矩图。

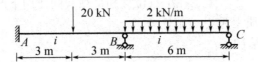

解：（1）选择基本体系。

分析可知,该结构的基本未知量为一个角位移 $\Delta = \theta_B$,基本体系如下图所示。

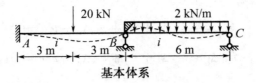

基本体系

（2）基本方程。

$$k_{11}\Delta_1 + F_{1P} = 0。$$

（3）作 M_P、$\overline{M}_1$ 图,并求系数、自由项。

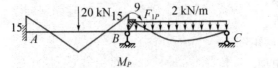

M_P

由结点 B 的平衡,可得 $F_{1P} = 15 - 9 = 6(\text{kN·m})$。

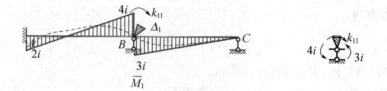

由结点 B 的平衡，可得 $k_{11} = 4i + 3i = 7i$。

（4）解方程求未知量。

$$\Delta_1 = -\frac{F_{1P}}{k_{11}} = -\frac{6}{7i}。$$

（5）按叠加法绘最后弯矩图。

$$M = \overline{M}_1 \Delta_1 + M_P。$$

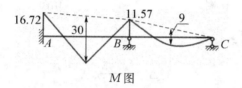

M 图

L－7.2　试用位移法计算刚架的弯矩图。

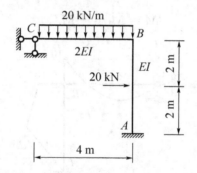

解：（1）选择基本体系。

分析可知，该结构的基本未知量为一个角位移 $\Delta = \theta_B$，基本体系如下图所示。

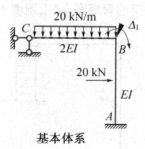

基本体系

（2）基本方程。

$$k_{11}\Delta_1 + F_{1P} = 0。$$

（3）作 M_P、$\overline{M}_1$ 图，并求系数、自由项。

令 $i = EI/4$，则：$i_{BC} = 2i$，$i_{BA} = i$，可得弯矩图。

依据图示，可得到 $k_{11} = 10i$、$F_{1P} = 50(\text{kN/m})$。

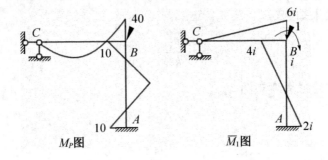

M_P图　　　　　　　$\overline{M}_1$图

（4）解方程求未知量。

$$\Delta_1 = -\frac{5}{i}。$$

（5）按叠加法绘最后弯矩图。

$$M = \overline{M}_1\Delta_1 + M_P。$$

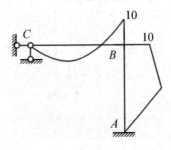

M 图

L‑7.3 试用位移法计算刚架的弯矩图，横梁刚度 $EI \to \infty$，两柱线刚度 i 相同。

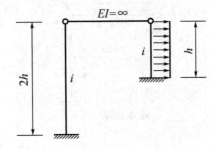

解：(1) 选择基本体系。

分析可知,该结构的基本未知量为一个线位移 Δ,基本体系如下图所示。

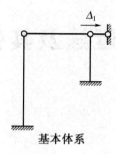

基本体系

(2) 基本方程。

$$k_{11}\Delta_1 + F_{1P} = 0。$$

(3) 作 $\overline{M}_1$、M_P 图,并求系数、自由项。

$$k_{11} = \frac{3i}{4h^2} + \frac{3i}{h^2} = \frac{15i}{4h^2};$$

$$F_{1P} = -\frac{3qh}{8}。$$

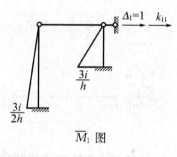

$\overline{M}_1$ 图

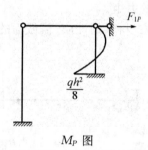

M_P 图

(4) 解方程求未知量。

$$\Delta_1 = \frac{qh^3}{10i}。$$

(5) 按叠加法绘最后弯矩图。

$$M = \overline{M}_1\Delta_1 + M_P。$$

0.425qh^2

0.15qh^2

M 图

第8章　渐近法及其他算法简述

一、教学目标

1. 熟练掌握力矩分配法的基本概念：转动刚度、分配系数和传递系数的物理意义和用途。

2. 熟练应用力矩分配法计算连续梁和无结点线位移的刚架在荷载及支座位移作用下的内力。

3. 掌握无剪力分配法的概念和适用范围,会用它解题。

二、内容概要

1. 转动刚度

转动刚度 S：表示杆端对转动的抵抗能力。在数值上等于仅使杆端发生单位转动时需在杆端施加的力矩。

S_{AB} 与杆的 i (材料的性质、横截面的形状和尺寸、杆长)及远端支承有关,而与近端支承无关。

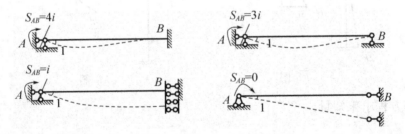

2. 分配系数

$$\mu_{Aj} = \frac{S_{Aj}}{\sum\limits_{A} S},且\sum \mu = 1。$$

分配力矩是杆端转动时产生的近端弯矩。分配力矩计算：

$$M_{Aj} = \mu_{Aj}M。$$

3. 传递系数

传递系数 C：杆端转动时产生的远端弯矩与近端弯矩的比值。即：传递系数仅与远端支承有关。

远端固定：$C = \dfrac{1}{2}$；

远端简支：$C = 0$；

远端滑动：$C = -1$。

传递力矩是杆端转动时产生的远端弯矩。传递力矩计算：

$$M_{jA} = C_{Aj} M_{Aj}。$$

4. 任意荷载作用时单结点结构的力矩分配法

变形过程可分两步完成：

(1) 锁住结点，求固端弯矩，结点不平衡力矩等于固端弯矩之和。

(2) 放松结点，结点不平衡力矩要变号分配。

(3) 合并前面两个过程，求最后杆端弯矩。

5. 连续梁的计算

几点注意：

(1) 单结点力矩分配法得到精确解；多结点力矩分配法得到渐近解。

(2) 首先从结点不平衡力矩绝对值较大的结点开始。

(3) 结点不平衡力矩要变号分配。

(4) 结点不平衡力矩的计算：

$$\text{结点不平衡力矩} = \begin{cases} \text{固端弯矩之和（第一轮第一结点）；} \\ \text{固端弯矩之和（第一轮第二结点）加传递弯矩；} \\ \text{传递弯矩（其他轮次各结点）；} \\ \text{总等于附加刚臂上的约束力矩。} \end{cases}$$

(5) 不能同时放松相邻结点（定不出其转动刚度和传递系数），但可以同时放松所有不相邻的结点，以加快收敛速度。

6. 无结点线位移刚架的计算

7. 对称结构的计算

对称结构在对称荷载作用下，结构无侧移，可以利用力矩分配法计算。取半边结构（等代结构）以简化计算。

8. 无剪力分配法的适用范围和计算步骤

(1) 无剪力分配法的应用条件：刚架中除了无侧移杆外，其余的杆全是剪力静定杆。

(2) 剪力静定杆的固端弯矩计算：

① 先由平衡条件求出杆端剪力。

② 将杆端剪力看做杆端荷载，按该端滑动，另一端固定的杆计算固端弯矩。

(3) 剪力静定杆的 $S = i$，$C = -1$。

(4) 无剪力分配法的计算步骤：

① 计算固端弯矩。

② 计算分配系数 μ。

③ 力矩的分配传递。

④ 绘内力图。

三、教学内容的深化和拓宽

1. 基本概念在结构受力的定性分析和概念设计方面具有重要的作用。
2. 力矩分配法与位移法的联合应用。

四、典型例题及解题标准步骤

1. 转动刚度、分配系数、传递系数的计算。
2. 力矩分配法计算结构的弯矩。
3. 无剪力分配法计算结构的弯矩。

L-8.1　试用力矩分配法计算连续梁的弯矩图。

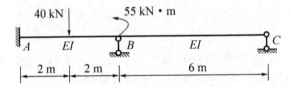

解：（1）选择基本体系。

分析可知，该结构的基本未知量为一个角位移 $\Delta = \theta_B$。

（2）计算转动刚度、分配系数和传递系数。

转动刚度：　　$S_{BA} = 4 \times \dfrac{EI}{4} = EI$；　$S_{BC} = 3 \times \dfrac{EI}{6} = EI/2$。

分配系数：　　　　$\mu_{BA} = 2/3$；　$\mu_{BC} = 1/3$。

传递系数：　　　　$C_{BA} = 0.5$；　$C_{BC} = 0$。

（3）计算固端弯矩和不平衡力矩，如右图所示。

固端弯矩：　$m_{AB} = -20 \text{ kN·m}$；　$m_{BA} = 20 \text{ kN·m}$。

不平衡力矩：　　　$m_B = 75 \text{ kN·m}$。

（4）弯矩分配过程。

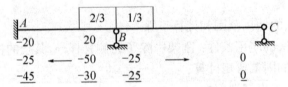

（5）绘制弯矩图。

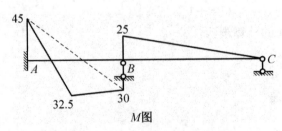

M图

L-8.2 试用无剪力分配法计算刚架的弯矩图。

解：（1）计算转动刚度、分配系数和传递系数。

转动刚度：$S_{BA} = 1 \times 3 = 3$；$S_{BC} = 3 \times 4 = 12$。

分配系数：$\mu_{BA} = 0.2$；$\mu_{BC} = 0.8$。

传递系数：$C_{BA} = -1$；$C_{BC} = 0$。

（2）计算固端弯矩和不平衡力矩。

$$m_{BC} = -20 \text{ kN} \cdot \text{m}。$$

（3）弯矩分配过程。

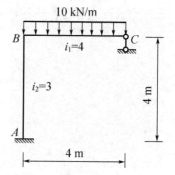

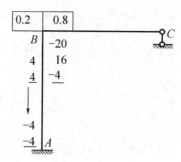

（4）绘制弯矩图。

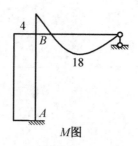

M图

第二部分
各章练习题

　　第二部分的各章练习题主要是结合每章的理论知识设置的作业题,包括预练题、基础题和提高题三大类。其中:预练题主要是让学生评估自己的课前预习水平的,在预习后、上课前的时间段完成;基础题是围绕本章理论知识的基本概念、基本方法设置的,以供学生课后进行练习,巩固课堂知识;提高题则针对喜欢思考、乐于探究的学生设置的习题,有一定的难度和深度。该部分的习题数量和分布如下表所示。

各章习题数量汇总

章节名称	预练题	基础题	提高题	合　计
绪　　论	0	4	0	4
结构的几何构造分析	4	5	4	13
静定结构的受力分析	4	11	5	20
影响线	4	8	3	15
虚功原理与结构位移计算	4	14	4	22
力　　法	8	15	8	31
位移法	5	14	6	25
渐近法及其他算法简述	4	6	2	12
合　　计	33	77	32	142

第 1 章 绪 论

班级_____ 学号_____ 姓名_____ 评分_____

（一）基础题

F‑1.1 填空题。

1. 选取结构计算简图时，一般要进行杆件简化、_____简化、_____简化和_____简化。

2. 建筑物中用以支承荷载的骨架部分称为_____，分为_____、_____和_____三大类。

F‑1.2 结构形式识图题。

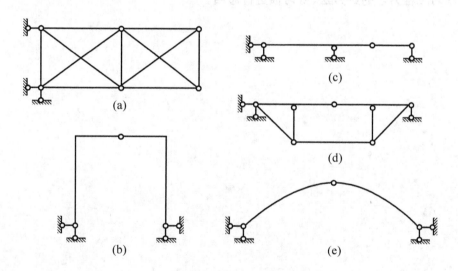

图（a）所示的结构名称为_____；具有的特点为_____。

图（b）所示的结构名称为_____；具有的特点为_____。

图（c）所示的结构名称为_____；具有的特点为_____。

图（d）所示的结构名称为_____；具有的特点为_____。

图（e）所示的结构名称为_____；具有的特点为_____。

F-1.3　支座识图题。

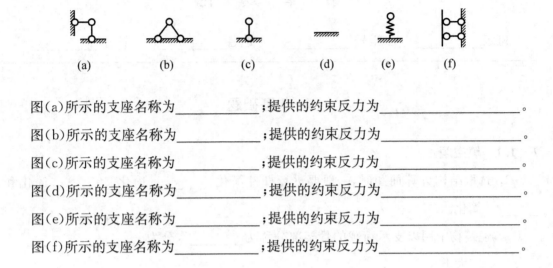

图(a)所示的支座名称为_____;提供的约束反力为_____。

图(b)所示的支座名称为_____;提供的约束反力为_____。

图(c)所示的支座名称为_____;提供的约束反力为_____。

图(d)所示的支座名称为_____;提供的约束反力为_____。

图(e)所示的支座名称为_____;提供的约束反力为_____。

图(f)所示的支座名称为_____;提供的约束反力为_____。

F-1.4　通过对绪论的学习,谈谈你对结构力学的认识以及其与工程力学的区别与联系,并将你学习工程力学的好方法、好习惯进行总结。

第 2 章　结构的几何构造分析

班级_____　　　学号_____　　　姓名_____　　　评分_____

（一）预练题

P‑2.1　**试分析图示体系的几何组成。**

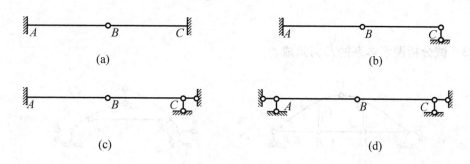

(a)　　　　　　　　　　　　　　　　　(b)

(c)　　　　　　　　　　　　　　　　　(d)

（a）分析过程：　　　　　　　　　　（b）分析过程：

结论：　　　　　　　　　　　　　　　结论：

（c）分析过程：　　　　　　　　　　（d）分析过程：

结论：　　　　　　　　　　　　　　　结论：

P‑2.2 试分析图示体系的几何组成。

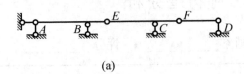

| | |
| (a) | (b) |

（a）分析过程：   （b）分析过程：

结论：   结论：

P‑2.3 试分析图示体系的几何组成。

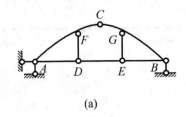

| | |
| (a) | (b) |

（a）分析过程：   （b）分析过程：

结论：   结论：

P‑2.4 试分析图示体系的几何组成。

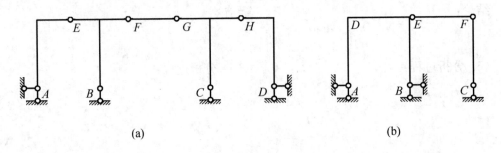

| | |
| (a) | (b) |

（a）分析过程：   （b）分析过程：

结论：   结论：

第 2 章 结构的几何构造分析

班级＿＿＿＿＿＿ 学号＿＿＿＿＿＿ 姓名＿＿＿＿＿＿ 评分＿＿＿＿＿＿

（二）基础题

F-2.1 判断题，并说明原因。

1. 任意荷载下仅用静力平衡方程即可确定全部反力和内力的体系是几何不变体系。　　　（　　）

原因：

2. 有多余约束的体系一定是几何不变体系。　　　（　　）

原因：

3. 多余约束是体系中不需要的约束。　　　（　　）

原因：

4. 体系的多余约束对体系的计算自由度、自由度及受力状态都没有影响，故称多余约束。　　　（　　）

原因：

5. 瞬变体系在一般荷载作用下会产生很大的内力。　　　（　　）

原因：

6. 两根链杆的约束作用相当于一个单铰。　　　（　　）

原因：

7. 图中链杆 1 和 2 的交点 O 可视为虚铰。　　　（　　）

原因：

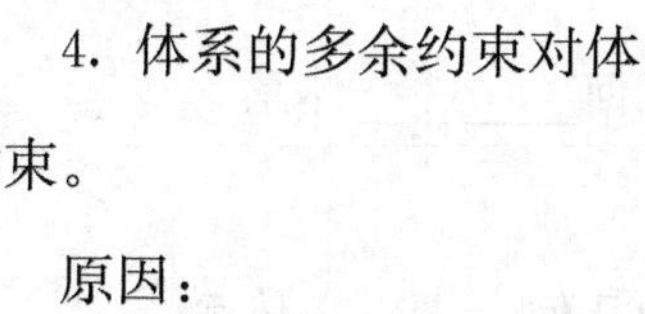

题7图 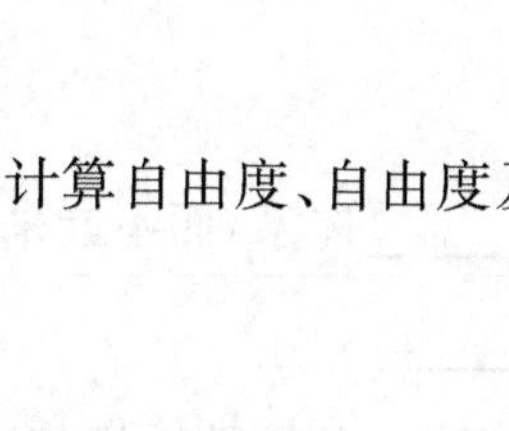　　　　　　　题8图 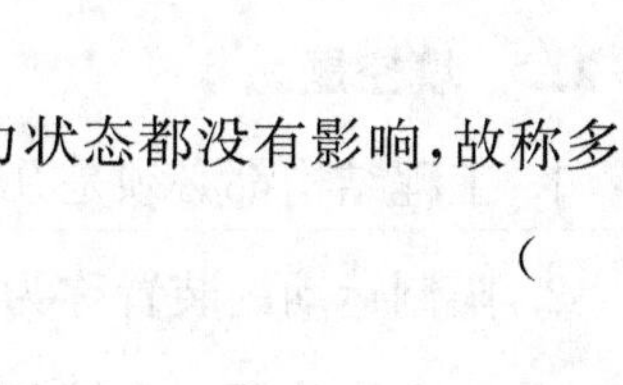　　　　　　　题9图

8. 图示体系是几何不变体系。 （ ）

原因：

9. 在图示体系中,去掉其中任意两根支座链杆后,所余下部分都是几何不变的。

（ ）

原因：

10. 将三刚片组成无多余约束的几何不变体系,需要的约束数目是 6 个。 （ ）

原因：

11. 体系几何组成分析时,体系中某一几何不变部分,只要不改变它与其余部分的联系,可以替换为另一个几何不变部分,不改变体系的几何组成特性。 （ ）

原因：

12. 当上部体系只用不交于一点也不全平行的三根链杆与大地相连时,只需分析上部体系的几何组成,就能确定原体系的几何组成。 （ ）

原因：

F - 2.2 填空题。

1. 工程结构都必须是几何_____体系,而不能采用几何_____体系。

2. 限制运动的装置称为_____。

3. 两个刚片用一个铰和一根不通过此铰的链杆相连,为几何_____体系。

4. 在不考虑材料_____的条件下,体系的位置和形状不变的体系称为几何_____体系。

5. 几何组成分析中,在平面内固定一个点,需要_____。

6. 图示体系是＿＿＿＿＿＿＿＿＿＿体系,因为＿＿＿＿＿＿＿＿＿＿＿。

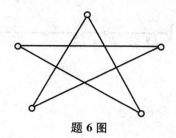

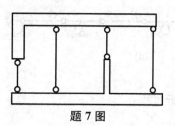

题 6 图　　　　　　　　　　题 7 图

7. 图示体系是＿＿＿＿＿＿＿＿＿＿＿＿＿＿＿＿＿＿。

8. 联结两个刚片的任意两根链杆的延线交点称为＿＿＿＿＿＿＿,它的位置是＿＿＿＿＿＿＿定的。

9. 三个刚片用三个铰两两相互联结而成的体系是＿＿＿＿＿＿＿＿＿＿＿＿＿＿。

10. 联结三个刚片的铰结点,相当的约束个数为＿＿＿＿＿＿＿＿。

11. 约束可分为＿＿＿＿＿＿＿:不能减少体系自由度的约束;＿＿＿＿＿＿＿:能减少体系自由度的约束。多余约束一般不是＿＿＿＿＿＿＿＿＿＿＿＿＿＿＿＿＿＿。

12. 约束等效代换中,＿＿＿＿＿＿＿＿可等效为直链杆;联结两刚片的两链杆等效代换为＿＿＿＿＿＿＿。

F - 2.3 试分析图示体系的几何组成。

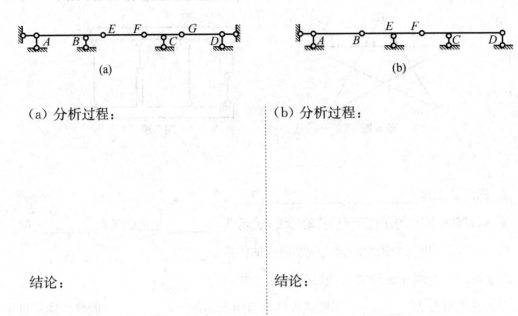

(a)   (b)

（a）分析过程：   （b）分析过程：

结论：   结论：

作业订正与思考：

F‐2.4 试分析图示体系的几何组成,并求其计算自由度 W。

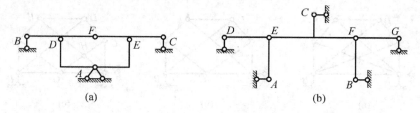

(a)

(b)

(a) 分析过程:

结论:

计算自由度:

(b) 分析过程:

结论:

计算自由度:

作业订正与思考:

F‑2.5　试分析图示体系的几何组成,并求其计算自由度 W。

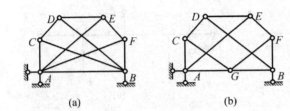

(a)　(b)　(c)

（a）分析过程：

结论：
计算自由度：

（b）分析过程：

结论：
计算自由度：

（c）分析过程：

结论：
计算自由度：

....

作业订正与思考：

第 2 章　结构的几何构造分析

班级_____　　　学号_____　　　姓名_____　　　评分_____

（三）提高题

A - 2.1　试分析图示体系的几何组成。

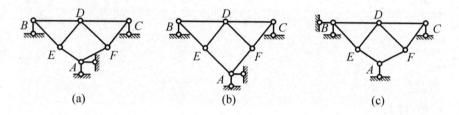

（a）　　　　　　　　　（b）　　　　　　　　　（c）

（a）分析过程：

结论：

（b）分析过程：

结论：

（c）分析过程：

结论：

作业订正与思考：

A–2.2　试分析图示体系的几何组成。

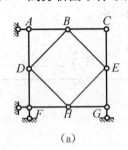

(a)

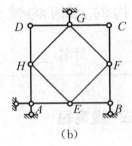

(b)

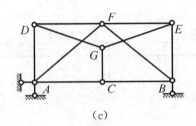

(c)

（a）分析过程：

结论：

（b）分析过程：

结论：

（c）分析过程：

结论：

作业订正与思考：

A‑2.3 试分析图示体系的几何组成。

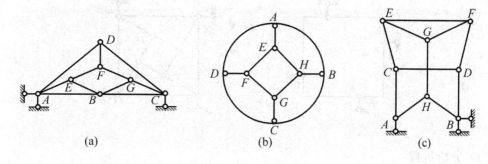

<table>
<tr><td>(a)</td><td>(b)</td><td>(c)</td></tr>
</table>

（a）分析过程：

结论：

（b）分析过程：

结论：

（c）分析过程：

结论：

作业订正与思考：

A‑2.4 试分析图示体系的几何组成。

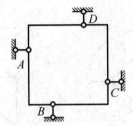 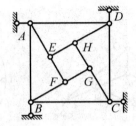

（a）分析过程：

结论：

（b）分析过程：

结论：

....

作业订正与思考：

第3章　静定结构的受力分析

班级_____　　学号_____　　姓名_____　　评分_____

（一）预练题

P-3.1　试快速绘制图示单跨梁的弯矩图。

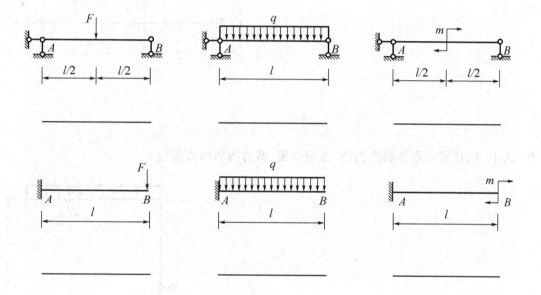

P-3.2　试作图示简支梁的弯矩图和剪力图。

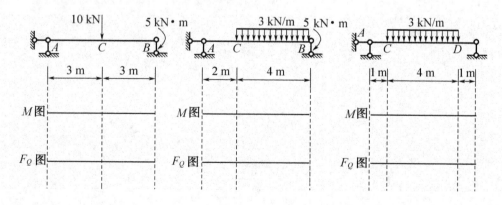

P-3.3 试作图示多跨梁的弯矩图和剪力图。

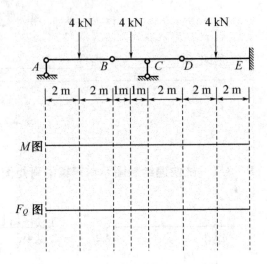

P-3.4 试作图示刚架的内力图（含弯矩图、剪力图和轴力图）。

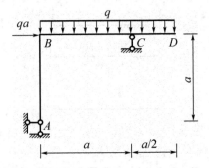

第3章 静定结构的受力分析

班级_____ 学号_____ 姓名_____ 评分_____

（二）基础题

F-3.1 判断题，并说明原因。

1. 静定结构的全部内力及反力，只根据平衡条件求得，且解答是唯一的。 （ ）

原因：

2. 静定结构受外界因素影响均产生内力，大小与杆件截面尺寸无关。 （ ）

原因：

3. 静定结构的几何特征是几何不变体系。 （ ）

原因：

4. 静定结构在支座移动时，会产生变形。 （ ）

原因：

5. 两个弯矩图的叠加不是指图形的简单拼合，而是指两图对应的弯矩纵矩叠加。（ ）

原因：

6. 在相同的荷载和跨度下，静定多跨梁的弯矩比一串简支梁的弯矩要大。 （ ）

原因：

7. 荷载作用在静定多跨梁的附属部分时，基本部分一般内力不为零。 （ ）

原因：

8. 图示为一杆段的 M、Q 图，若 Q 图是正确的，则 M 图一定是错误的。 （ ）

原因：

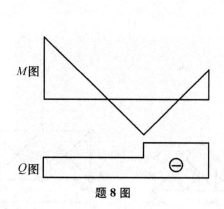

题 8 图

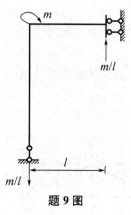

题 9 图

9. 图示结构的支座反力是正确的。 （ ）

原因：

10. 在无剪力直杆中,各截面弯矩不一定相等。　　　　　　　　（　　）

原因:

11. 图示梁的弯矩分布图是正确的。　　　　　　　　　　　　　（　　）

原因:

题 11 图　　　　　　　　　　　　　　**题 12 图**

12. 图示刚架的弯矩分布图是正确的。　　　　　　　　　　　　（　　）

原因:

13. 图示结构 B 支座反力等于 $P/2$（↑）。　　　　　　　　　（　　）

原因:

题 13 图　　　　　　　　　　　　　　**题 14 图**

14. 图示梁的弯矩分布图是正确的。　　　　　　　　　　　　　（　　）

原因:

15. 只要已知静定刚架杆件两端弯矩和所受外力,则该杆内力就可完全确定。

　　　　　　　　　　　　　　　　　　　　　　　　　　　　（　　）

原因:

16. 图示桁架有 9 根零杆。　　　　　　　　　　　　　　　　　（　　）

原因:

17. 图示对称桁架中杆 1 至 8 的轴力等于零。　　　　　　　　　（　　）

原因:

题 16 图　　　　　　**题 17 图**　　　　　　**题 18 图**

18. 图示桁架中,上弦杆的轴力为 $N = -P$。　　　　　　　　　　　　　（　　）

原因：

19. 三铰拱的弯矩小于相应简支梁的弯矩是因为存在水平支座反力。　　　（　　）

原因：

20. 在相同跨度及竖向荷载下,拱脚等高的三铰拱,其水平推力随矢高减小而减小。

　　　　　　　　　　　　　　　　　　　　　　　　　　　　　　　（　　）

原因：

21. 简支支承的三角形静定桁架,靠近支座处的弦杆的内力最小。　　　（　　）

原因：

22. 组合结构中,链杆的内力是轴力,梁式杆的内力只有弯矩和剪力。　（　　）

原因：

23. 图示结构中,支座反力为已知值,则由结点 D 的平衡条件即可求得 N_{CD}。　（　　）

原因：

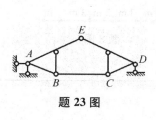

题 23 图

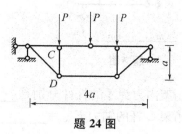

题 24 图

24. 图示结构中,CD 杆的内力 $N_1 = -P$。　　　　　　　　　　　　（　　）

原因：

F-3.2　填空题。

1. 在梁、刚架、拱、桁架四种常见结构中,主要受弯的是_____和_____,主要承受轴力的是_____和_____。拱与梁的区别不仅在于杆轴线的曲直,更重要的是拱在竖向荷载作用下会产生_____反力。组合结构的受力特点是_____。

2. 图示结构中,$Q_{BA} = $ _____ ,$M_{BA} = $ _____ ,_____ 侧受拉。

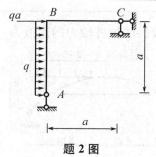

题 2 图

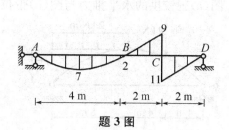

题 3 图

3. 图示为某简支梁的弯矩图,其中 AB 段为二次抛物线,B 处斜率无突变。则梁上的外荷载是:AB 段上作用有_____荷载,大小为_____,方向_____;BD 段上作用_____荷载,大小为_____,方向_____。

4. 静定多跨梁包括_____部分和_____部分,内力计算从_____部分开始。

5. 当一个平衡力系作用在静定结构的_____,则整个结构只有该部分受力,而其他部分内力等于_____。

6. 当作用于静定结构的某一几何不变部分上的荷载作_____变换时,则只是该部分的_____发生变化,而其余部分的_____。

7. 图示结构中,m 为 8 kN·m,BC 杆的内力是 M =_____, Q =_____, N =_____。

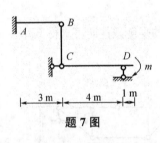

题 7 图

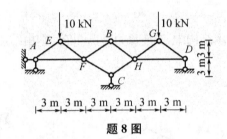

题 8 图

8. 图示桁架内力为零的杆件分别是_____。

9. 图示桁架 C 杆的轴力 F_{NC} =_____。

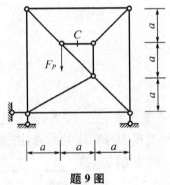

题 9 图

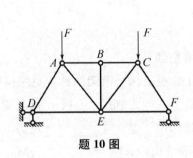

题 10 图

10. 图示对称桁架中内力为零的杆件是_____。

11. 图(a)三铰拱的水平推力与图(b)带拉杆的三铰拱的拉杆轴力的比值为_____。

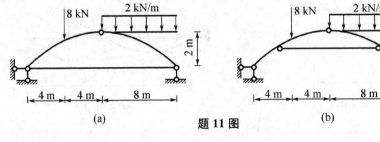

(a)　　　　　　　　(b)

题 11 图

F‑3.3　试作图示伸臂梁的弯矩图和剪力图。

解题步骤：① 计算支反力；② 计算控制截面弯矩值；③ 绘制弯矩图、剪力图。

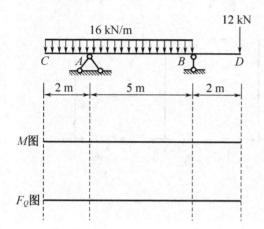
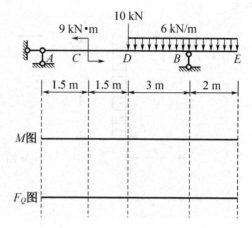

作业订正与思考：

F‑3.4　试作图示多跨梁的弯矩图和剪力图。

解题步骤：① 计算支反力；② 计算控制截面弯矩值；③ 绘制弯矩图、剪力图。

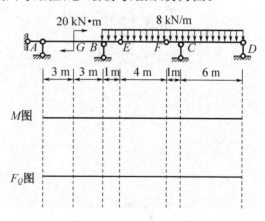

作业订正与思考：

F－3.5　试作图示悬臂刚架的弯矩图、剪力图和轴力图。

解题步骤：① 计算支反力；② 计算控制截面弯矩值；③ 绘制弯矩图、剪力图和轴力图。

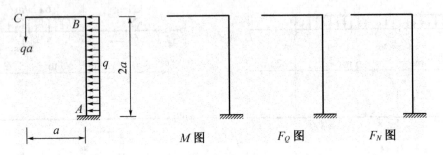

作业订正与思考：

F－3.6　试作图示简支刚架的弯矩图和剪力图。

解题步骤：① 计算支反力；② 计算控制截面弯矩值；③ 绘制弯矩图、剪力图。

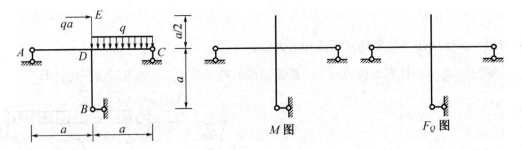

作业订正与思考：

F - 3.7 **试作图示三铰刚架的弯矩图、剪力图和轴力图。**

解题步骤：① 计算支反力；② 计算控制截面弯矩值；③ 绘制弯矩图、剪力图和轴力图。

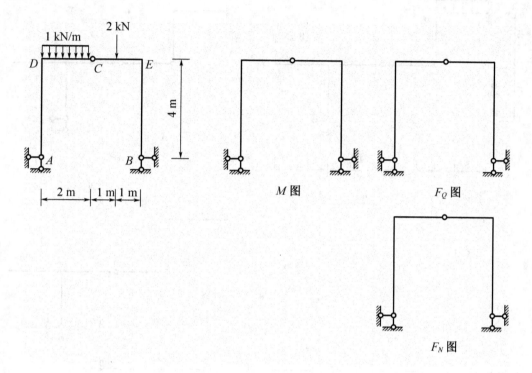

作业订正与思考：

F‑3.8 **试作图示主从刚架的弯矩图和剪力图。**

解题步骤：① 计算支反力；② 计算控制截面弯矩值；③ 绘制弯矩图、剪力图。

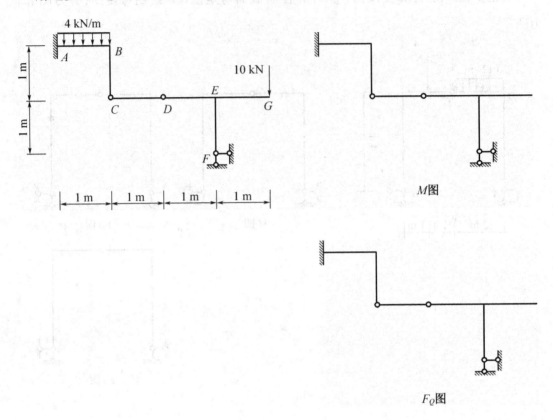

M图

F_Q图

作业订正与思考：

F - 3.9　试作图示桁架结构中 1、2 杆的轴力。

解题步骤：① 计算支反力；② 计算所求杆的轴力。

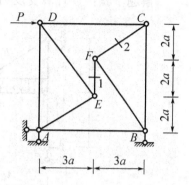

作业订正与思考：

F - 3.10　试作图示桁架结构中 1、2、3 杆的轴力。

解题步骤：① 计算支反力；② 计算所求杆的轴力。

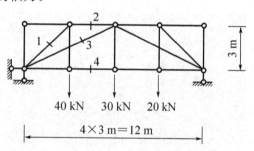

作业订正与思考：

F‑3.11 试作图示组合结构的弯矩图和轴力图。

解题步骤：① 计算支反力；② 计算控制截面弯矩值；③ 绘制弯矩图和轴力图。

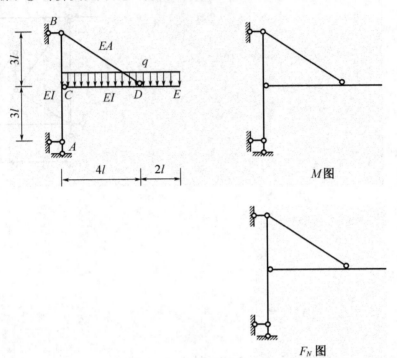

M 图

F_N 图

....

作业订正与思考：

第3章 静定结构的受力分析

班级_____ 学号_____ 姓名_____ 评分_____

（三）提高题

A-3.1 试作图示刚架的弯矩图。

解题步骤：① 计算支反力；② 计算控制截面弯矩值；③ 绘制弯矩图。

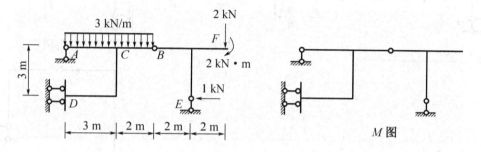

M 图

作业订正与思考：

A-3.2 试作图示桁架结构中 1、2、3 杆的轴力。

解题步骤：① 计算支反力；② 计算所求杆的轴力。

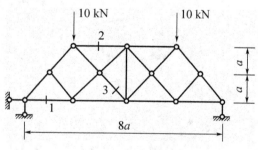

作业订正与思考：

A‑3.3 试作图示三铰刚架的弯矩图、剪力图和轴力图。

解题步骤：① 计算支反力；② 计算控制截面弯矩值；③ 绘制弯矩图、剪力图和轴力图。

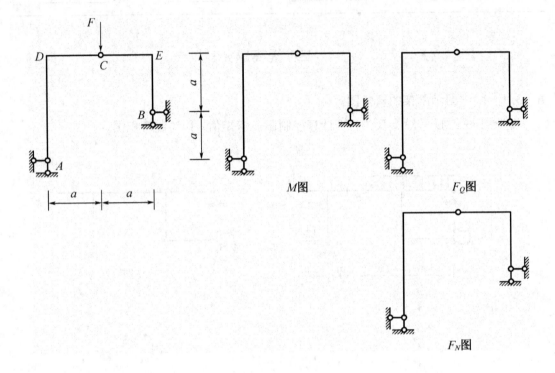

作业订正与思考：

F-3.4 试作图示组合结构的弯矩图和轴力图。

解题步骤：① 计算支反力；② 计算控制截面弯矩值；③ 绘制弯矩图和轴力图。

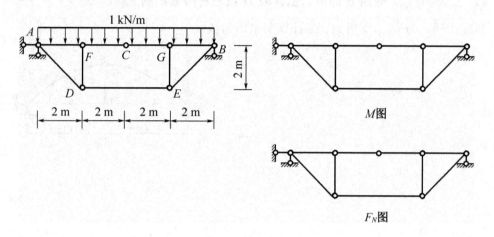

*M*图

*F_N*图

⋯⋯⋯⋯⋯⋯⋯⋯⋯⋯⋯⋯⋯⋯⋯⋯⋯⋯⋯⋯

作业订正与思考：

A‑3.5 图示抛物线三铰拱轴线的方程为 $y=\dfrac{4f}{l^2}x(l-x)$，$l=16\ \mathrm{m}$，$f=4\ \mathrm{m}$。试求：

(1) 支反力；**(2)** 截面 E 的内力值；**(3)** D 点左右两截面的 F_Q、F_N 值。

解题步骤：① 计算支反力；② 计算所求内力值。

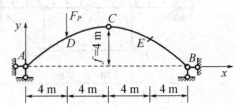

作业订正与思考：

第 4 章 影响线

班级_____   学号_____   姓名_____   评分_____

（一）预练题

P‑4.1 用静力法作图示结构 F_{RA}、F_{RB}、M_C 的影响线。

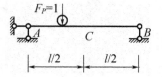

P‑4.2 用静力法作图示结构 F_{RA}、F_{RB}、M_C 的影响线。

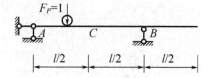

P‑4.3 用静力法作图示结构 F_{QC}、M_C 的影响线。

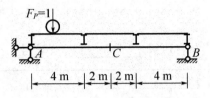

P‑4.4 用机动法作图示结构 F_{RA}、F_{RB}、F_{QB}^L、F_{QB}^R、M_B 的影响线。

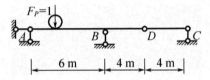

第4章　影响线

班级_____　　　学号_____　　　姓名_____　　　评分_____

（二）基础题

F‑4.1　判断题，并说明原因。

1. 任何静定结构的支座反力、内力的影响线均由一段或数段直线所组成。　　（　　）

原因：

2. 表示单位移动荷载作用下某指定截面的内力变化规律的图形称为内力影响线。　　（　　）

原因：

3. 简支梁跨中截面弯矩的影响线与跨中有集中力时的弯矩图相同。　　（　　）

原因：

4. 单位荷载作用在简支结间梁上，结点传递的主梁影响线在各结点间均为直线。　　（　　）

原因：

5. 图示结构 Q_E 影响线的 CD 段纵标不为零。　　（　　）

原因：

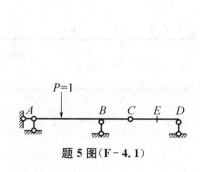

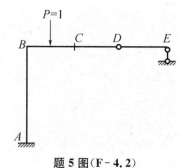

题 5 图（F‑4.1）　　　　　　　　　　题 5 图（F‑4.2）

F‑4.2　填空题。

1. 多跨静定梁附属部分某量值影响线，在_____范围内必为零，在_____范围内为直线或折线。

2. 结点荷载作用下静定结构内力的影响线在_____间必为一直线。

3. 移动荷载的最不利位置是由比较所有_____位置而得到。

4. 确定移动集中荷载组的不利位置，要试算各集中力在影响线的_____处的情况。

5. 图示结构 Q_C 影响线中，C 点和 CD 段纵标为：C 点_____，CD _____。

F‑4.3　试用静力法作图中悬臂梁 F_{yA}、M_A、M_C 及 F_{QC} 的影响线。

解题步骤：① 截取隔离体；② 列所求力的平衡方程；③ 绘制影响线。

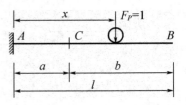

作业订正与思考：

F‑4.4　用静力法作图示结构 M_K、F_{QK} 的影响线。

解题步骤：① 截取隔离体；② 列所求力的平衡方程；③ 绘制影响线。

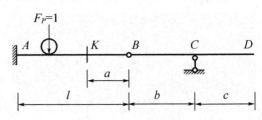

作业订正与思考：

F-4.5 用静力法作图示结构 M_C、F_{QC} 的影响线。

解题步骤：① 截取隔离体；② 列所求力的平衡方程；③ 绘制影响线。

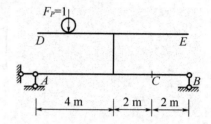

作业订正与思考：

F - 4.6 试作图示桁架轴力 F_{N1}、F_{N2}、F_{N3}、F_{N4} 的影响线。

解题步骤：① 截取隔离体；② 列所求力的平衡方程；③ 绘制影响线。

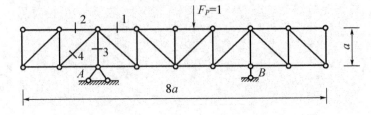

作业订正与思考：

F‑4.7 试用机动法作图示结构 F_{QA}、M_A、M_I 的影响线。

解题步骤：① 解除约束；② 绘制虚位移图；③ 计算竖标；④ 绘制影响线。

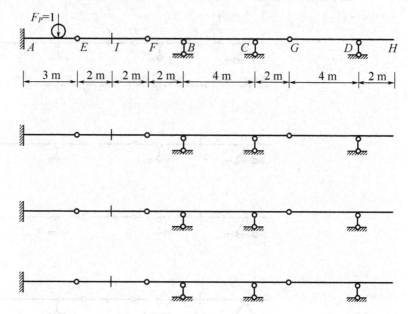

......

作业订正与思考：

F - 4.8 试用机动法作图示结构 F_{QB}^L、F_{QB}^R、M_F、M_G 的影响线。

解题步骤：① 解除约束；② 绘制虚位移图；③ 计算竖标；④ 绘制影响线。

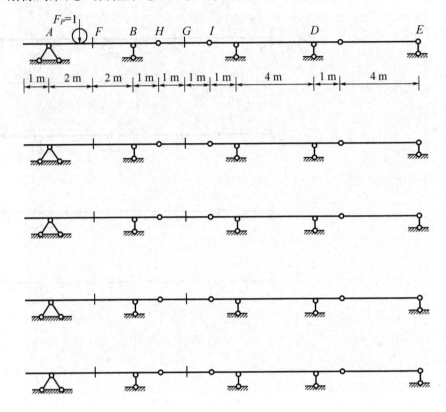

作业订正与思考：

第 4 章 影响线

班级_____ 学号_____ 姓名_____ 评分_____

（三）提高题

A‑4.1 用静力法作图示结构 F_{NCD}、M_E、M_C、F_{QC}^R 的影响线。

解题步骤：① 截取隔离体；② 列所求力的平衡方程；③ 绘制影响线。

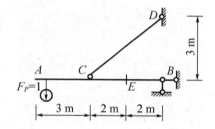

作业订正与思考：

A‑4.2 单位荷载在上、下弦移动时，作三杆的轴力影响线。

解题步骤：① 截取隔离体；② 列所求力的平衡方程；③ 绘制影响线。

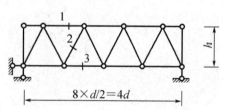

作业订正与思考：

A－4.3 两台吊车如图所示,试求吊车梁的 M_C、F_{QC} 的载荷最不利位置,并计算其极值。

解题步骤:① 绘制影响线;② 判断最不利位置;③ 计算最不利值。

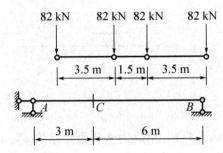

作业订正与思考:

第 5 章 虚功原理与结构位移计算

班级_____ 学号_____ 姓名_____ 评分_____

（一）预练题

P‑5.1 试用刚体体系虚力原理求图示结构 D 点的水平位移。

（1）设支座 A 向左移动 1 cm；（2）设支座 A 下沉 1 cm；（3）设支座 B 下沉 1 cm。

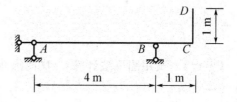

P‑5.2 已知支座 A 产生向上位移 1 cm，试用刚体体系虚力原理求：

（1）支座 C 处的转角；（2）D 点的相对转角。

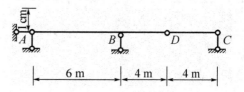

P-5.3 试用积分法计算 B 端的竖向位移和转角（忽略剪切变形）。

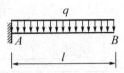

P-5.4 试用图乘法计算 C、D 两点水平向的相对位移（忽略剪切变形）。

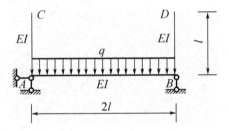

第 5 章 虚功原理与结构位移计算

班级_____ 学号_____ 姓名_____ 评分_____

（二）基础题

F-5.1 判断题，并说明原因。

1. 虚位移原理等价于变形谐调条件，可用于求体系的位移。 （　）

原因：

2. 按虚力原理所建立的虚功方程等价于几何方程。 （　）

原因：

3. 在非荷载因素（支座移动、温度变化、材料收缩等）作用下，静定结构不产生内力，但会有位移，且位移只与杆件相对刚度有关。 （　）

原因：

4. 用图乘法可求得各种结构在荷载作用下的位移。 （　）

原因：

5. 在荷载作用下，刚架和梁的位移主要由各杆的弯曲变形引起。 （　）

原因：

6. 变形体虚功原理仅适用于弹性问题，不适用于非弹性问题。 （　）

原因：

7. 若刚架中各杆均无内力，则整个刚架不存在位移。 （　）

原因：

8. 图示为刚架的虚设力系，按此力系及位移计算公式可求出杆 AC 的转角。 （　）

原因：

9. 图示刚架 A 点的水平位移 $\Delta_{AH}=Pa^3/2$ （方向向左）。 （　）

原因：

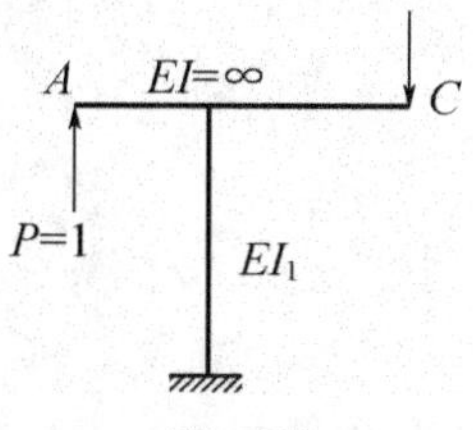

题 8 图　　　題 9 图　　　題 10 图

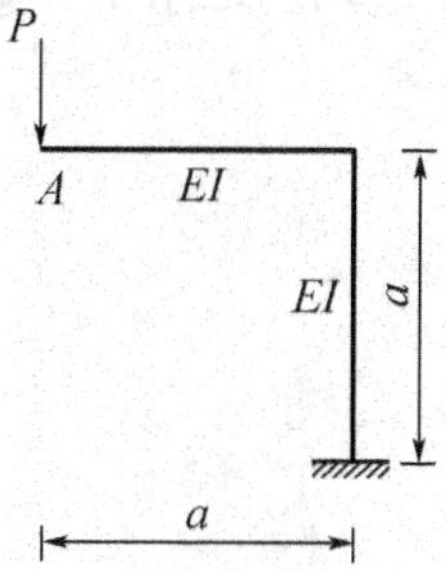

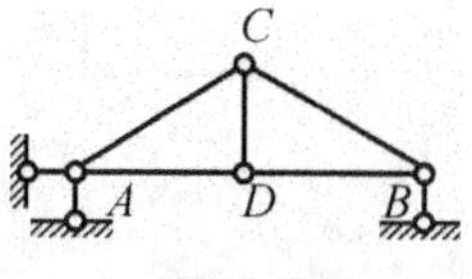

10. 图示桁架中，杆 CD 加工后比原尺寸短一些，装配后 B 点将向右移动。（　　）

原因：

11. 已知 M_P、$\overline{M}_K$ 图，用图乘法求得位移的结果为：$(\omega_1 y_1 + \omega_2 y_2)/(EI)$。（　　）

原因：

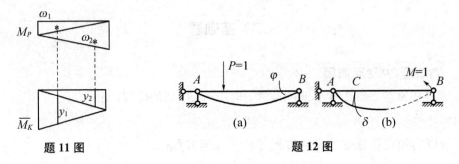

题 11 图　　　　　　题 12 图

12. 图(a)、(b)两种状态中，梁的转角 φ 与竖向位移 δ 间的关系为 $\delta = \varphi$。（　　）

原因：

13. 图示桁架各杆 EA 相同，结点 A 和结点 B 的竖向位移均为零。（　　）

原因：

14. 图示桁架各杆 $EA =$ 常数，因荷载 P 是反对称的，故结点 B 竖向位移等于零。

（　　）

原因：

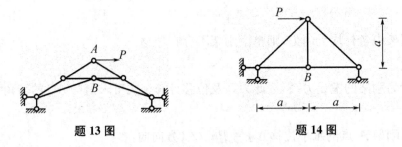

题 13 图　　　　　　题 14 图

15. 由虚功方程推得的位移计算公式只适用于静定结构。（　　）

原因：

F-5.2 填空题。

1. 平面杆件结构虚功方程 $F_k \Delta_{km} = \sum \int F_{Nk} \varepsilon_m \mathrm{d}s + \sum \int F_{Qk} \gamma_m \mathrm{d}s + \sum \int M_k \kappa_m \mathrm{d}s$ 中存在四组状态量,分别为:(1)_____ 、(2)_____ 、(3)_____ 、(4)_____ 。其中,_____ 和_____ 存在于 k 状态,_____ 和_____ 存在于 m 状态。k 状态的两组量并不独立,m 状态的两组量也不独立,故方程中独立的量只有两组。因此,虚功原理有_____和_____两种应用形式。

2. 单位荷载法计算结构位移的理论基础是_____ 。

3. 静定结构中的杆件在温度变化时只产生_____ ,不产生_____ ;在支座移动时只产生_____ ,不产生内力与_____ 。

F-5.3 图示结构支座 B 处有水平向右位移 $a = 2$ cm,向下沉降 $b = 2$ cm。试计算:

(1) C 点的水平位移;(2) D 点的转角(忽略剪切变形)。

解题步骤:① 虚设单位荷载;② 计算支座反力;③ 运用虚功原理。

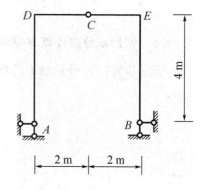

作业订正与思考:

F-5.4 因制造误差，*DE*、*EF* 两杆均长了 **5 cm**。试计算安装后 *C* 点的竖向位移。

解题步骤：① 虚设单位荷载；② 计算轴力；③ 运用虚功原理。

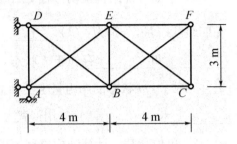

作业订正与思考：

F-5.5 试用积分法计算 *B* 端和 *C* 点的竖向位移和转角（忽略剪切变形）。

解题步骤：① 外荷载下的弯矩表达式；② 虚设单位荷载下的弯矩表达式；③ 相乘并积分。

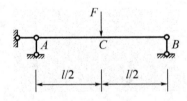

作业订正与思考：

F-5.6 判断下列各图乘是否正确,如不正确直接在图上改正。

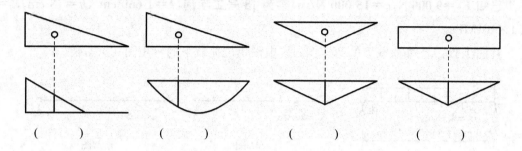

( ) ( ) ( ) ( )

F-5.7 试求图示梁 D 点的挠度,已知 $EI=2×10^8$ kN·cm^2。

解题步骤:① 外荷载下的弯矩图;② 虚设单位荷载下的弯矩图;③ 图乘。

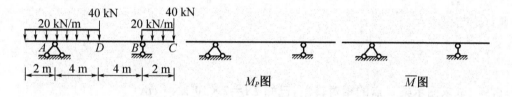

作业订正与思考:

F - 5.8 试求图示梁 C 点的挠度。

已知 $F_P = 9\,000\ \text{N}$，$q = 15\,000\ \text{N/m}$，梁为 18 号工字钢，$I = 1\,660\ \text{cm}^4$，$h = 18\ \text{cm}$，$E = 2.1 \times 10^5\ \text{MPa}$。

解题步骤：① 外荷载下的弯矩图；② 虚设单位荷载下的弯矩图；③ 图乘。

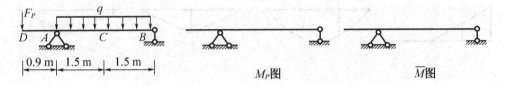

M_P图 $\overline{M}$图

作业订正与思考：

F - 5.9 试求图示梁 C 点的相对转角，已知 $EI = 2 \times 10^8\ \text{kN} \cdot \text{cm}^2$。

解题步骤：① 外荷载下的弯矩图；② 虚设单位荷载下的弯矩图；③ 图乘。

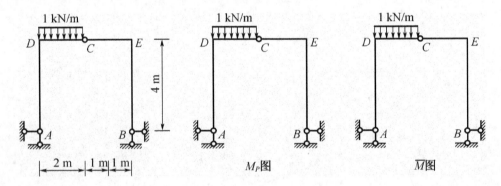

M_P图 $\overline{M}$图

作业订正与思考：

F - 5.10 试求图示结构 *D* 点的转角,各杆抗弯刚度为 *EI*。

解题步骤:① 外荷载下的弯矩图;② 虚设单位荷载下的弯矩图;③ 图乘。

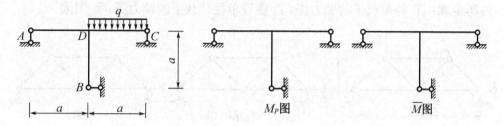

作业订正与思考:

F - 5.11 试求图示桁架 *C* 点的竖向位移,*EI* 为常数。

已知 $F_P=98.1 \text{ kN}, A=30 \text{ cm}^2, E=20.6 \times 10^6 \text{ N/cm}^2$。

解题步骤:① 外荷载下的轴力图;② 虚设单位荷载下的轴力图;③ 图乘。

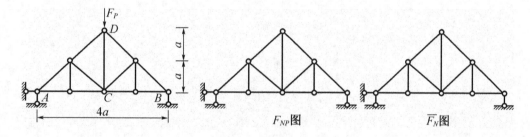

作业订正与思考:

F‑5.12 试求图示桁架 C 点的竖向位移，EI 为常数。

已知 $F_P=98.1\ \text{kN}, A=30\ \text{cm}^2, E=20.6\times10^6\ \text{N/cm}^2$。

解题步骤：① 外荷载下的轴力图；② 虚设单位荷载下的轴力图；③ 图乘。

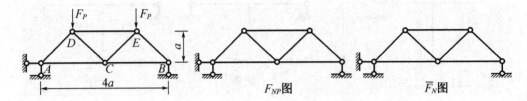

作业订正与思考：

F-5.13 试求图示组合结构 **E** 点的竖向位移。 **$EA=15EI/a^2$**。

解题步骤：① 外荷载下的弯矩、轴力图；② 虚设单位荷载下的弯矩、轴力图；③ 图乘。

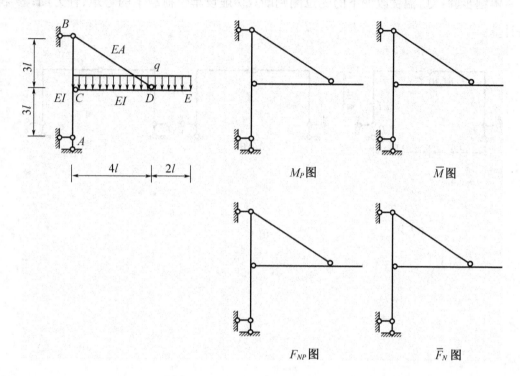

M_P 图　　　　$\overline{M}$ 图

F_{NP} 图　　　　$\overline{F}_N$ 图

作业订正与思考：

F-5.14　设图示三铰刚架内部升温 **30 ℃**,各杆截面为矩形,高度为 *h*。试求 *C* 点的竖向位移。（**线膨胀系数 α**）

解题步骤：① 温度改变下的受拉侧判断；② 虚设单位荷载下的弯矩、轴力图；③ 积分计算。

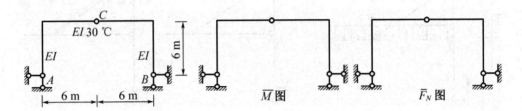

作业订正与思考：

第5章 虚功原理与结构位移计算

班级_____ 学号_____ 姓名_____ 评分_____

（三）提高题

A-5.1 试求图示三铰刚架 E 点的水平位移和截面 B 的转角，EI 为常数。

解题步骤：① 虚设单位荷载；② 计算支座反力；③ 运用虚功原理。

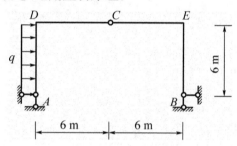

作业订正与思考：

A-5.2 试求图示梁 C 点的挠度。

已知 $F_P = 9\,000\,\text{N}$，$q = 15\,000\,\text{N/m}$，梁为 18 号工字钢，$I = 1\,660\,\text{cm}^4$，$h = 18\,\text{cm}$，$E = 2.1 \times 10^5\,\text{MPa}$。

解题步骤：① 外荷载下的弯矩图；② 虚设单位荷载下的弯矩图；③ 图乘。

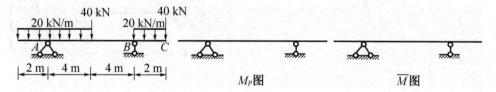

作业订正与思考：

A-5.3 试求图示桁架 *C* 点的竖向位移。

已知 $F_P=98.1$ kN，$A=30$ cm²，$E=20.6\times10^6$ N/cm²。

解题步骤：① 外荷载下的轴力图；② 虚设单位荷载下的轴力图；③ 图乘。

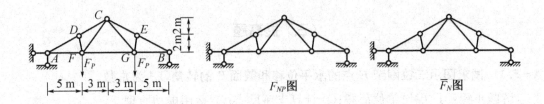

作业订正与思考：

A-5.4 在简支梁两端作用一对力偶 *M*，同时梁上边温度升高 t_1，下边温度下降 t_1。试求端点的转角。如果转角为零，则 *M* 应是多少？（已知弹性模量 *E* 和线膨胀系数 *α*）

解题步骤：① 温度改变下的受拉侧判断；② 虚设单位荷载下的弯矩、轴力图；③ 以转角为零列等式。

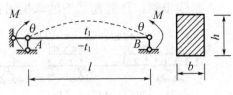

作业订正与思考：

第6章　力　法

班级＿＿＿＿＿　　学号＿＿＿＿＿　　姓名＿＿＿＿＿　　评分＿＿＿＿＿

（一）预练题

P-6.1　试确定图示各结构的超静定次数，并在图上将多余约束去除使之成为静定结构。

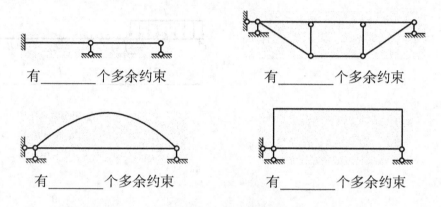

有＿＿＿＿＿个多余约束　　　　　有＿＿＿＿＿个多余约束

有＿＿＿＿＿个多余约束　　　　　有＿＿＿＿＿个多余约束

P-6.2　试将任意荷载构造成对称荷载和反对称荷载。

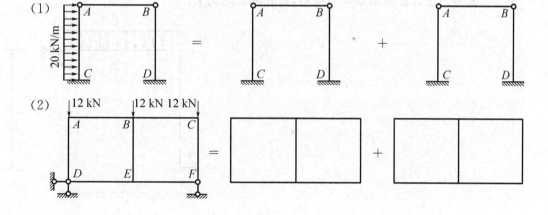

(1)

(2)

P-6.3　试绘制三种图示各结构的基本体系。

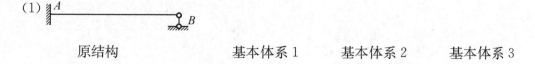

(1)

原结构　　　　　　基本体系1　　　　基本体系2　　　　基本体系3

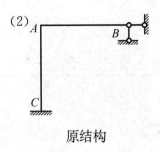

原结构　　　　　　　基本体系 1　　　基本体系 2　　　基本体系 3

P‐6.4 试用力法计算图示结构的弯矩,各杆刚度均为 *EI*。

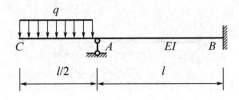

P‐6.5 试用力法计算图示结构的弯矩,各杆刚度均为 *EI*。

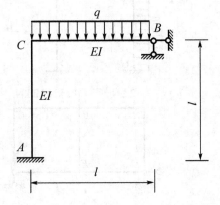

P - 6.6　试用力法计算图示桁架的轴力，各杆刚度均为 EA。

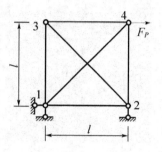

P - 6.7　试用简便方法计算图示结构的弯矩，各杆刚度均为 EI。

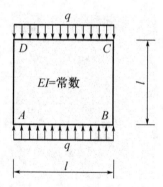

P－6.8　图示结构支座 C 处产生沉降,试用力法计算其弯矩,各杆刚度均为 EI。

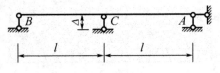

第 6 章　力　法

班级_____　　学号_____　　姓名_____　　评分_____

（二）基础题

F - 6.1　判断题，并说明原因。

1. 力法典型方程的实质是超静定结构的平衡条件。　　　　　　　　（　　）

原因：

2. 力法只能解超静定结构。　　　　　　　　　　　　　　　　　（　　）

原因：

3. 超静定结构在荷载作用下的反力和内力只与各杆件刚度的相对数值有关。

　　　　　　　　　　　　　　　　　　　　　　　　　　　　（　　）

原因：

4. 在温度变化、支座移动因素作用下，静定与超静定结构都有内力。　（　　）

原因：

5. 图（a）结构，取图（b）为力法基本结构，则其力法方程为 $\delta_{11}X_1=c$。　（　　）

原因：

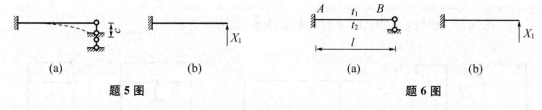

(a)	(b)	(a)	(b)
题 5 图		题 6 图	

6. 图（a）结构，取图（b）为力法基本结构，h 为截面高度，α 为线膨胀系数，典型方程中
$\Delta_{1t}=-\alpha(t_2-t_1)l^2/(2h)$。　　　　　　　　　　　　　　　　（　　）

原因：

7. 取图示结构 CD 杆轴力为力法的基本未知量 X_1,则 $X_1 = P$。   (   )

原因:

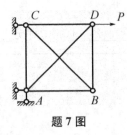 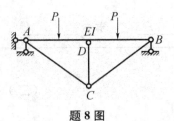

题 7 图   题 8 图

8. 图示结构中,梁 AB 的截面 EI 为常数,各链杆的 E_1A 相同,当 EI 增大时,则梁截面 D 弯矩代数值 M_D 增大。   (   )

原因:

F-6.2 填空题。

1. 用力法超静定结构的思路是_____,力法的基本未知量是_____。

2. 力法方程等号左侧各项代表_____,右侧代表_____。

3. 静定结构的内力状态与 EI _____,超静定结构的内力状态与 EI _____。

4. 计算超静定结构的内力时,在什么情况下只需给出 $EI(EA)$ 的相对值:_____;在什么情况下只需给出 EI 的绝对值:_____,原因是__
_____。

5. 图(a)所示结构,取图(b)为力法基本体系,其力法方程为 _____。

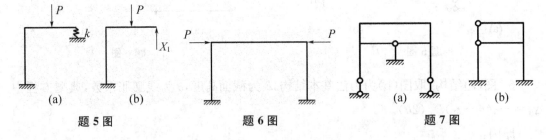

(a)   (b)   题 6 图   (a)   (b)
题 5 图   题 7 图

6. 在_____的条件下,图示结构各杆弯矩为零。

7. 图(a) 结构为_____次超静定,图(b)为_____次超静定。

8. 对称结构需要满足的条件有：_____。

9. 利用结构对称性取半结构时，当在对称荷载作用下对称轴截面的约束应该取_____约束。

10. 计算超静定结构的位移时，单位荷载可加在_____结构上。这样单位内力图是_____，绘制也非常简便。

F-6.3　试确定图示各结构的超静定次数，并在图上将多余约束去除使之成为静定结构。

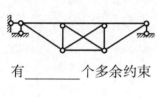

有_____个多余约束

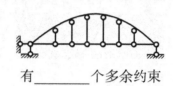

有_____个多余约束

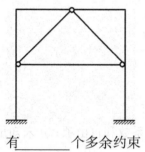

有_____个多余约束

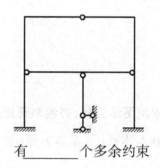

有_____个多余约束

F‑6.4 **试用力法求解图示结构,并绘制弯矩图。**

解题步骤:① 基本体系;② 基本方程;③ M_P 图、$\overline{M}$ 图;④ 系数和自由项;⑤ 未知量求解;⑥ 绘制弯矩图。

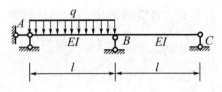

作业订正与思考:

F‑6.5 **试用力法求解图示结构,并绘制弯矩图。**

解题步骤:① 基本体系;② 基本方程;③ M_P 图、$\overline{M}$ 图;④ 系数和自由项;⑤ 未知量求解;⑥ 绘制弯矩图。

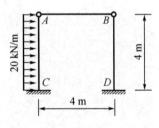

作业订正与思考:

F‑6.6　试用力法求解图示结构，并绘制弯矩图。

　　解题步骤：① 基本体系；② 基本方程；③ M_P 图、$\overline{M}$ 图；④ 系数和自由项；⑤ 未知量求解；⑥ 绘制弯矩图。

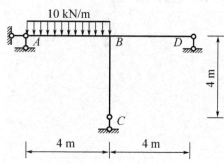

作业订正与思考：

F‑6.7　试用力法求解图示结构，并绘制弯矩图。

　　解题步骤：① 基本体系；② 基本方程；③ M_P 图、$\overline{M}$ 图；④ 系数和自由项；⑤ 未知量求解；⑥ 绘制弯矩图。

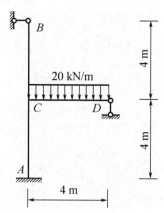

作业订正与思考：

F - 6.8　试用力法求解图示结构,并绘制弯矩图。

解题步骤：① 基本体系；② 基本方程；③ M_P图、$\overline{M}$图；④ 系数和自由项；⑤ 未知量求解；⑥ 绘制弯矩图。

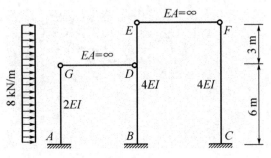

作业订正与思考：

F - 6.9　试用力法求解图示结构,并绘制轴力图。

解题步骤：① 基本体系；② 基本方程；③ F_{NP}图、$\overline{F}_N$ 图；④ 系数和自由项；⑤ 未知量求解；⑥ 绘制弯矩图。

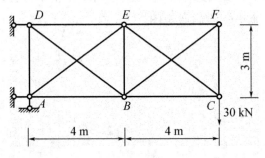

作业订正与思考：

F - 6.10 试用力法求解图示结构,并求二力杆轴力以及作梁式杆的弯矩图。

已知梁式杆抗弯刚度为 EI,抗拉压刚度为 EA。

解题步骤:① 基本体系;② 基本方程;③ M_p图、$\overline{M}$图;④ 系数和自由项;⑤ 未知量求解;⑥ 绘制弯矩图。

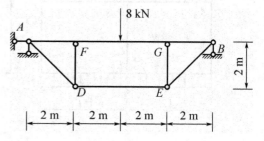

作业订正与思考:

F‑6.11 试用简便方法求解图示结构,并绘制弯矩图。

解题步骤：① 对称性的运用；② 简化结构弯矩图的计算与绘制；③ 整体结构弯矩图的计算与绘制。

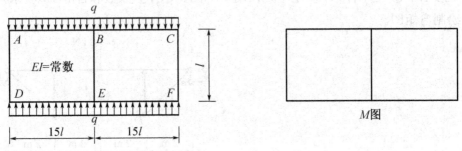

作业订正与思考：

F‑6.12 试用简便方法求解图示结构,并绘制弯矩图。

解题步骤：① 对称性的运用；② 简化结构弯矩图的计算与绘制；③ 整体结构弯矩图的计算与绘制。

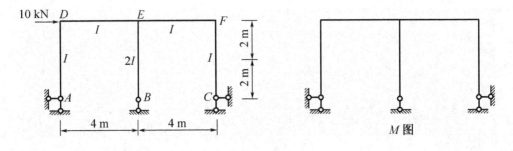

作业订正与思考：

F - 6.13 如图所示刚架的支座 C 发生顺时针转角 θ 和下沉 Δ，用力法计算其弯矩图。

解题步骤：① 基本体系；② 基本方程；③ M_C 图、$\overline{M}$ 图；④ 系数和自由项；⑤ 未知量求解；⑥ 绘制弯矩图。

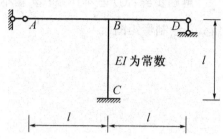

EI 为常数

....

作业订正与思考：

F-6.14 图示梁上下侧温度变化分别为 $+t_1$、$+t_2$($t_2 > t_1$),试用力法求弯矩图。

已知梁截面高为 h,温度线膨胀系数为 α。

解题步骤：① 基本体系；② 基本方程；③ M_t 图、$\overline{M}$ 图；④ 系数和自由项；⑤ 未知量求解；⑥ 绘制弯矩图。

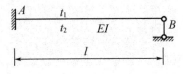

作业订正与思考：

F-6.15 试用力法求解图示刚架在温度改变作用下的弯矩图。

已知杆件截面高度 $h = 0.4\,\text{m}$,$EI = 2 \times 10^4\,\text{kN} \cdot \text{m}^2$,$\alpha = 1 \times 10^{-5}\,\text{K}^{-1}$。

解题步骤：① 基本体系；② 基本方程；③ M_t 图、$\overline{M}$ 图；④ 系数和自由项；⑤ 未知量求解；⑥ 绘制弯矩图。

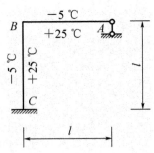

作业订正与思考：

第6章 力 法

班级_____ 学号_____ 姓名_____ 评分_____

（三）提高题

A-6.1 试确定图示各结构的超静定次数,并在图上将多余约束去除使之成为静定结构。

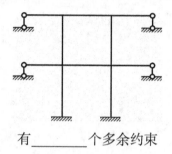

有_____个多余约束

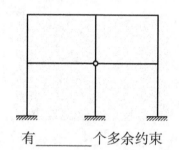

有_____个多余约束

A-6.2 试用力法求解图示结构,并绘制弯矩图。

解题步骤：① 基本体系；② 基本方程；③ M_P图、$\overline{M}$图；④ 系数和自由项；⑤ 未知量求解；⑥ 绘制弯矩图。

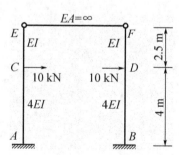

作业订正与思考：

A‑6.3 试用力法求解图示结构,并绘制弯矩图。

解题步骤:① 基本体系;② 基本方程;③ M_P 图、$\overline{M}$ 图;④ 系数和自由项;⑤ 未知量求解;⑥ 绘制弯矩图。

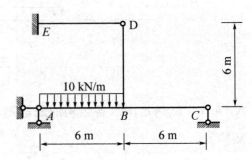

A-6.4 试用力法求解图示结构,并求二力杆轴力以及作梁式杆的弯矩图。

　　已知梁式杆抗弯刚度为 EI,抗拉压刚度为 EA。

　　解题步骤:① 基本体系;② 基本方程;③ M_P 图、$\overline{M}$ 图;④ 系数和自由项;⑤ 未知量求解;⑥ 绘制弯矩图。

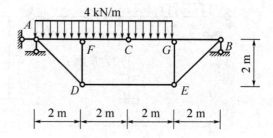

作业订正与思考:

A‑6.5 试用简便方法求解图示结构,并绘制弯矩图。

解题步骤:① 对称性的运用;② 简化结构弯矩图的计算与绘制;③ 整体结构弯矩图的计算与绘制。

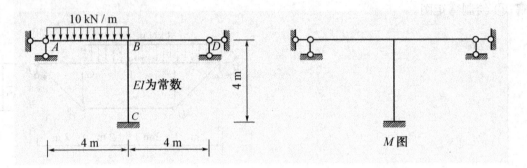

......

作业订正与思考:

A‑6.6 图示结构支座 B 发生了水平位移 $a=30$ mm（向右），$b=40$ mm（向下），转角 $\theta=0.01$ rad（顺时针），已知各杆 $EI=15\,000$ kN·m²。试求 D 点竖向位移和 F 点水平位移。

解题步骤：① 结构在支座移动下的弯矩图；② 基本体系的 $\overline{M}$ 图；③ 图乘；④ 求解。

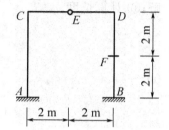

作业订正与思考：

A - 6.7　图示桁架各杆 l 和 EA 均相同，其中 AB 杆制作时较设计长度 l 短了 Δ，现将其拉伸拼装于桁架上。试求拼装后该杆的长度。

解题步骤：① 基本体系；② 基本方程；③ M_C图、$\overline{M}$图；④ 系数和自由项；⑤ 未知量求解；⑥ 计算长度。

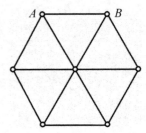

作业订正与思考：

A - 6.8　试用力法求解图示结构的弯矩图。

已知线性弹簧的刚度系数为 k，杆件的抗弯刚度为 EI。

解题步骤：① 基本体系；② 基本方程；③ M_t图、$\overline{M}$图；④ 系数和自由项；⑤ 未知量求解；⑥ 绘制弯矩图。

作业订正与思考：

第 7 章　位 移 法

班级_____　　学号_____　　姓名_____　　评分_____

（一）预练题

P-7.1　试确定位移法基本未知量数目（不考虑轴向变形）。

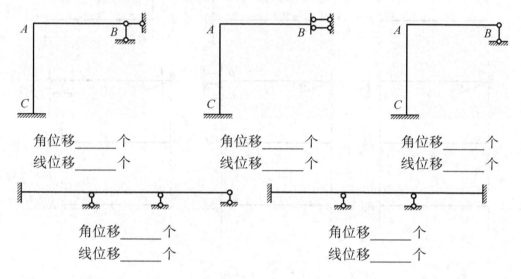

　　角位移_____个　　　　　　角位移_____个　　　　　　角位移_____个
　　线位移_____个　　　　　　线位移_____个　　　　　　线位移_____个

　　角位移_____个　　　　　　　　　　角位移_____个
　　线位移_____个　　　　　　　　　　线位移_____个

P-7.2　试快速绘制图示单跨超静定梁的弯矩和剪力图。

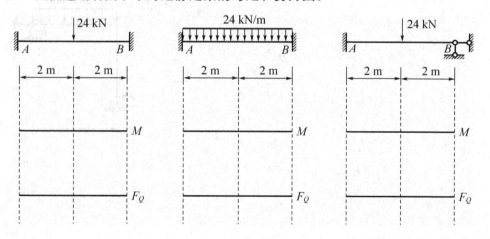

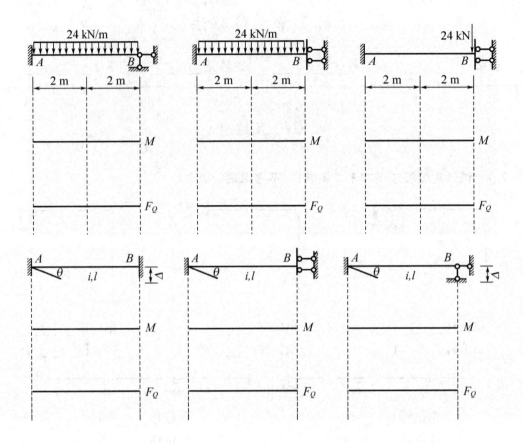

P-7.3 试用位移法计算图示结构的弯矩,各杆刚度均为 **EI**。

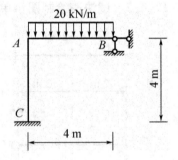

P－7.4　试用位移法计算图示结构的弯矩，各杆刚度均为 EI。

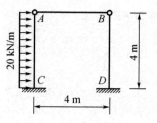

P - 7.5 图示结构支座 *C* 处产生顺时针转角 θ，试用位移法计算其弯矩，各杆刚度均为 *EI*。

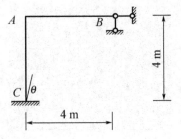

第7章 位移法

班级_____ 学号_____ 姓名_____ 评分_____

（二）基础题

F-7.1 判断题，并说明原因。

1. 位移法和力法都是求超静定结构的基本方法。 （ ）

原因：

2. 位移法求解结构内力时如果 M_P 图为零，则自由项 F_{1P} 一定为零。 （ ）

原因：

3. 位移法未知量的数目与结构的超静定次数有关。 （ ）

原因：

4. 位移法的基本结构可以是静定的，也可以是超静定的。 （ ）

原因：

5. 位移法典型方程的物理意义反映了原结构的位移协调条件。 （ ）

原因：

6. 图示结构，当支座 B 发生沉降 Δ 时，支座 B 处梁截面的转角大小为 $1.2\Delta/l$，方向为顺时针方向，设 $EI=$ 常数。 （ ）

原因：

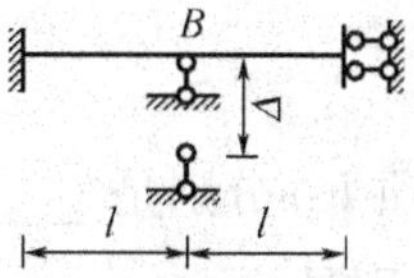

题6图 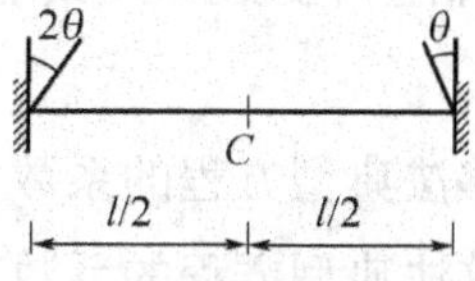　　　　题7图

7. 图示梁中点 C 之竖向位移为 $(3/8)l\theta$（向下），设 $EI=$ 常数。 （ ）

原因：

8. 图示梁的 $EI=$ 常数，固定端 A 发生顺时针方向的角位移 θ，由此引起铰支端 B 的转角（以顺时针方向为正）是 $-\theta/2$。 （ ）

原因：

题8图　　　　题9图

9. 用位移法可求得图示梁 B 端的竖向位移为 $ql^3/(24EI)$。 （ ）

原因：

10. 超静定结构中杆端弯矩只取决于杆端位移。　　　　　　　　　　　　（　　）

原因：

11. 位移法中的固端弯矩是当其基本未知量为零时由外界因素所产生的杆端弯矩。

　　　　　　　　　　　　　　　　　　　　　　　　　　　　　　　　　（　　）

原因：

12. 位移法中，铰接端的角位移、滑动支承端的线位移不能作为基本未知量。

　　　　　　　　　　　　　　　　　　　　　　　　　　　　　　　　　（　　）

原因：

F-7.2　填空题。

1. 图示结构位移法典型方程的系数 $k_{11}=$ _____ 、自由项 $F_{1P}=$ _____ 。

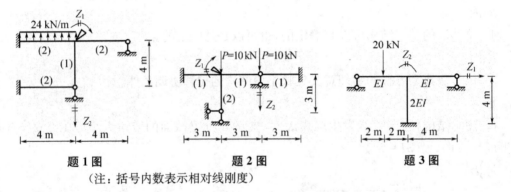

题1图　　　　　　　　　　题2图　　　　　　　　　　题3图

（注：括号内数表示相对线刚度）

2. 图示结构位移法典型方程的系数 k_{22} 和自由项 F_{1P} 分别是_____、_____。

3. 图示结构位移法典型方程的系数 k_{11} 和 k_{22} 分别是_____、_____。

4. 试从以下几个方面分析力法与位移的特点。

对比项	力法	位移法
基本未知量		
基本结构		
典型方程意义		

F - 7.3 试确定位移法基本未知量数目,并在图上绘出基本结构。

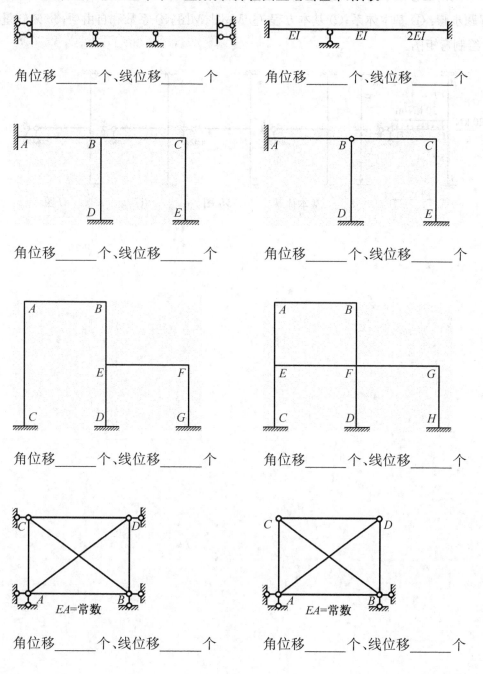

角位移_____个、线位移_____个　　　角位移_____个、线位移_____个

角位移_____个、线位移_____个　　　角位移_____个、线位移_____个

角位移_____个、线位移_____个　　　角位移_____个、线位移_____个

角位移_____个、线位移_____个　　　角位移_____个、线位移_____个

F－7.4 试用位移法求解图示结构，并绘制弯矩图。

解题步骤：① 基本体系；② 基本方程；③ M_P图、$\overline{M}$图；④ 系数和自由项；⑤ 未知量求解；⑥ 绘制弯矩图。

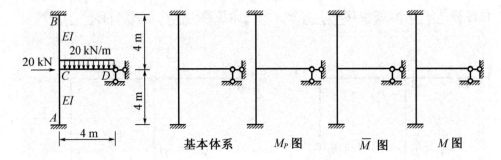

基本体系　　　　M_P 图　　　　$\overline{M}$ 图　　　　M 图

作业订正与思考：

F‑7.5 试用位移法求解图示结构,*CD* 杆的抗拉压刚度为 *EA*,并绘制弯矩图。

解题步骤:① 基本体系;② 基本方程;③ M_P图、$\overline{M}$图;④ 系数和自由项;⑤ 未知量求解;⑥ 绘制弯矩图。

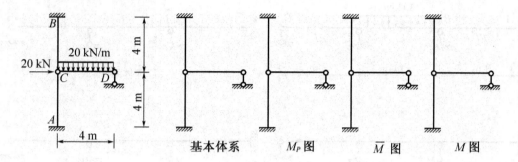

基本体系　　　　　M_P 图　　　　　$\overline{M}$ 图　　　　　M 图

作业订正与思考:

F-7.6 试用位移法求解图示结构,并绘制弯矩图。

解题步骤:① 基本体系;② 基本方程;③ M_P 图、$\overline{M}$ 图;④ 系数和自由项;⑤ 未知量求解;⑥ 绘制弯矩图。

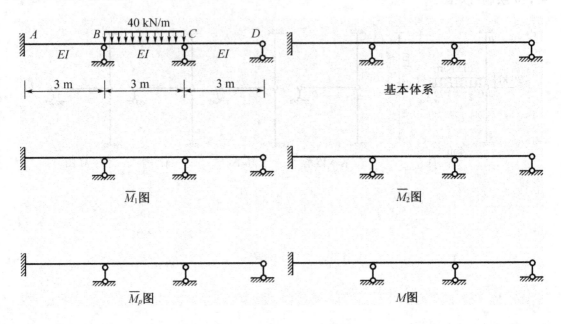

作业订正与思考:

F - 7.7 试用位移法求解图示结构,并绘制弯矩图。

解题步骤:① 基本体系;② 基本方程;③ M_P图、$\overline{M}$图;④ 系数和自由项;⑤ 未知量求解;⑥ 绘制弯矩图。

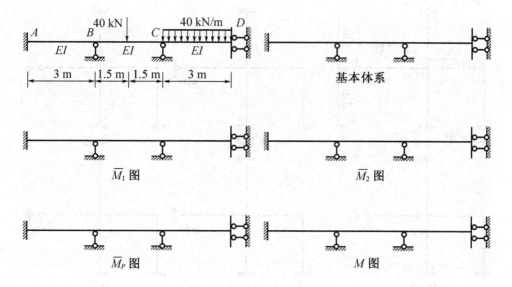

作业订正与思考:

F-7.8 试用位移法求解图示结构,并绘制弯矩图。

解题步骤:① 基本体系;② 基本方程;③ M_P图、$\overline{M}$图;④ 系数和自由项;⑤ 未知量求解;⑥ 绘制弯矩图。

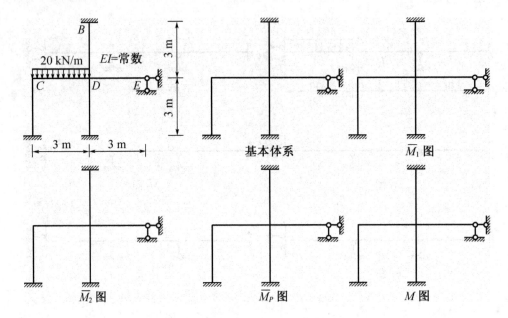

F－7.9　试用位移法求解图示结构,并绘制弯矩图。

解题步骤：① 基本体系；② 基本方程；③ M_P 图、$\overline{M}$图；④ 系数和自由项；⑤ 未知量求解；⑥ 绘制弯矩图。

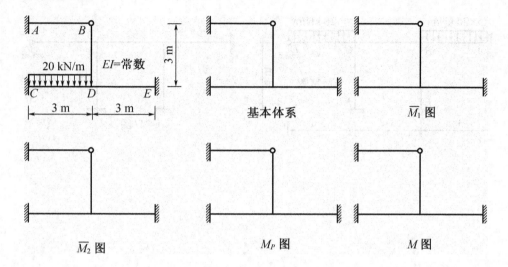

作业订正与思考：

F-7.10 试用简便方法求解图示结构,并绘制弯矩图。

解题步骤:① 对称性的运用;② 简化结构弯矩图的计算与绘制;③ 整体结构弯矩图的计算与绘制。

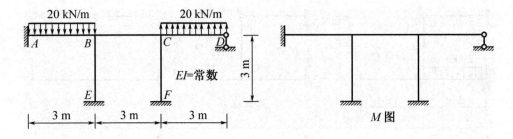

F-7.11 **试用简便方法求解图示结构,并绘制弯矩图。**

解题步骤:① 对称性的运用;② 简化结构弯矩图的计算与绘制;③ 整体结构弯矩图的计算与绘制。

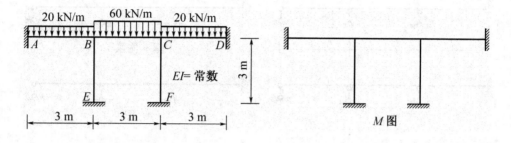

作业订正与思考:

F‑7.12　图示连续梁支座 **C** 处产生沉降,试用位移法求解图示结构,并绘制弯矩图。

解题步骤:① 基本体系;② 基本方程;③ M_C 图、$\overline{M}$图;④ 系数和自由项;⑤ 未知量求解;⑥ 绘制弯矩图。

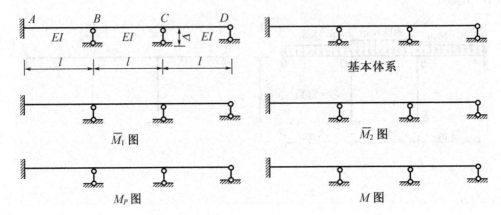

作业订正与思考:

F - 7. 13 图示刚架支座 B 处产生沉降和转角,试用位移法求解图示结构,并绘制弯矩图。

解题步骤:① 基本体系;② 基本方程;③ M_C图、$\overline{M}$图;④ 系数和自由项;⑤ 未知量求解;⑥ 绘制弯矩图。

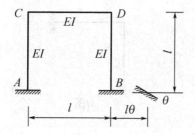

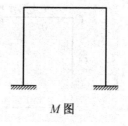

M 图

···

作业订正与思考:

F-7.14 试用位移法求解图示刚架在温度改变作用下的弯矩图。

已知杆件截面高度 $h=0.4$ m，$EI=2\times10^4$ kN·m²，$\alpha=1\times10^{-5}$ K⁻¹。

解题步骤：① 基本体系；② 基本方程；③ M_t 图、$\overline{M}$图；④ 系数和自由项；⑤ 未知量求解；⑥ 绘制弯矩图。

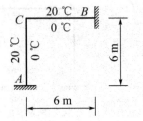
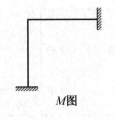

M图

作业订正与思考：

第7章　位移法

班级＿＿＿＿＿　　学号＿＿＿＿＿　　姓名＿＿＿＿＿　　评分＿＿＿＿＿

（三）提高题

A－7.1　试确定位移法基本未知量数目，并在图上绘出基本结构。

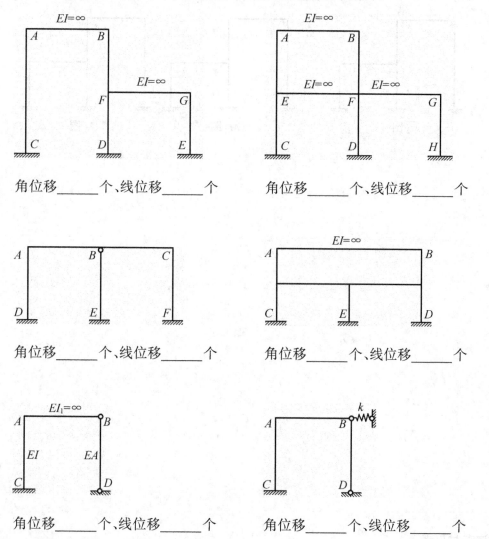

角位移＿＿＿＿个、线位移＿＿＿＿个　　　　角位移＿＿＿＿个、线位移＿＿＿＿个

角位移＿＿＿＿个、线位移＿＿＿＿个　　　　角位移＿＿＿＿个、线位移＿＿＿＿个

角位移＿＿＿＿个、线位移＿＿＿＿个　　　　角位移＿＿＿＿个、线位移＿＿＿＿个

A－7.2 试用位移法求解图示结构,并绘制弯矩图。

解题步骤:① 基本体系;② 基本方程;③ M_P 图、$\overline{M}$ 图;④ 系数和自由项;⑤ 未知量求解;⑥ 绘制弯矩图。

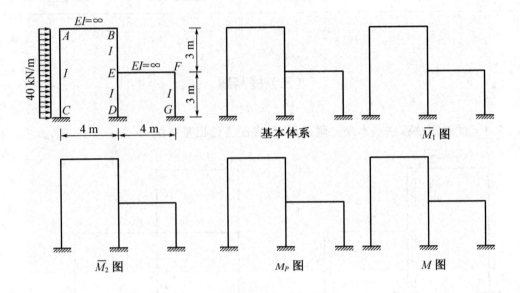

基本体系　　　　$\overline{M}_1$ 图

$\overline{M}_2$ 图　　　　M_P 图　　　　M 图

作业订正与思考:

A - 7.3 试用位移法求解图示结构,并绘制弯矩图。

解题步骤:① 基本体系;② 基本方程;③ M_P 图、$\overline{M}$ 图;④ 系数和自由项;⑤ 未知量求解;⑥ 绘制弯矩图。

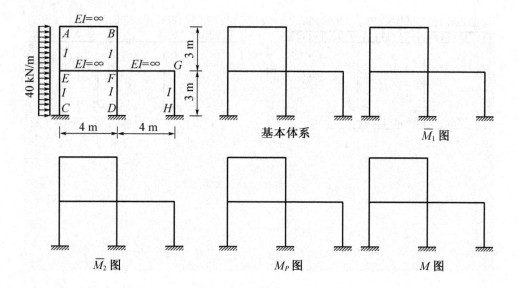

作业订正与思考:

A-7.4 试用简便方法求解图示结构,并绘制弯矩图。

解题步骤:① 对称性的运用;② 简化结构弯矩图的计算与绘制;③ 整体结构弯矩图的计算与绘制。

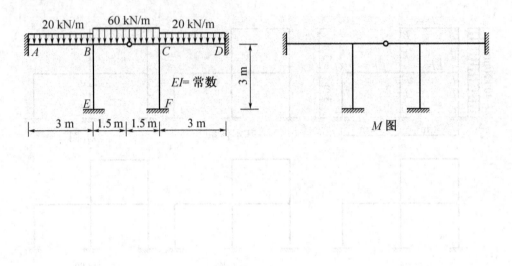

M 图

....

作业订正与思考:

A - 7.5　试用位移法求解图示刚架，并绘制弯矩图。

解题步骤：① 基本体系；② 基本方程；③ M_P图、$\overline{M}$图；④ 系数和自由项；⑤ 未知量求解；⑥ 绘制弯矩图。

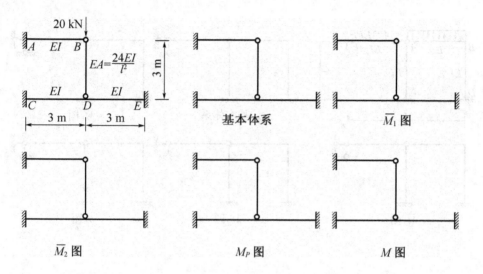

作业订正与思考：

A-7.6 试用位移法求解图示刚架,并绘制弯矩图。

解题步骤:① 基本体系;② 基本方程;③ M_P图、$\overline{M}$图;④ 系数和自由项;⑤ 未知量求解;⑥ 绘制弯矩图。

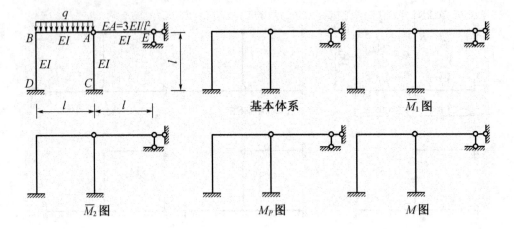

作业订正与思考:

第 8 章　渐近法及其他算法简述

班级_____　　学号_____　　姓名_____　　评分_____

（一）预练题

P-8.1　找出可以用无剪力分配法计算的结构，并说明理由。

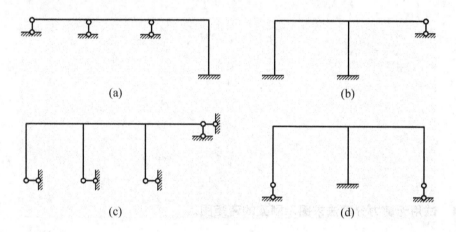

(a)　　　　　　　　　　　　　　　　(b)

(c)　　　　　　　　　　　　　　　　(d)

分析过程：

P-8.2　试用力矩分配法计算图示刚架，并绘制弯矩图。

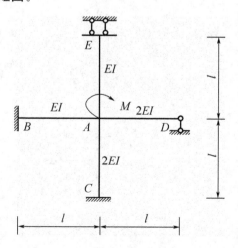

P - 8.3 试用力矩分配法计算图示刚架,并绘制弯矩图。

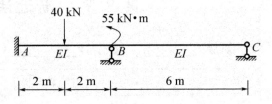

P - 8.4 试用无剪力分配法求图示刚架的弯矩图。

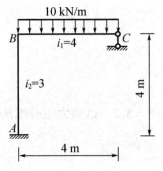

第8章　渐近法及其他算法简述

班级＿＿＿＿＿　　　学号＿＿＿＿＿　　　姓名＿＿＿＿＿　　　评分＿＿＿＿＿

（二）基础题

F-8.1 **判断题，并说明原因。**

1. 力矩分配法中的分配系数、传递系数与外来因素（荷载、温度变化等）有关。

（　　）

原因：

2. 若图示各杆件线刚度 i 相同，则各杆 A 端的转动刚度 S 分别为：$4i,3i,i$。（　　）

原因：

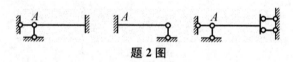

题 2 图

3. 图（a）所示结构的弯矩分布形状如图（b）所示。（　　）

原因：

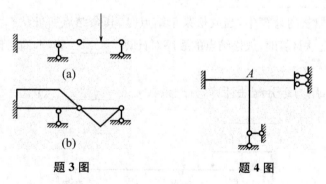

题 3 图　　　　　　　　**题 4 图**

4. 图示结构，各杆 i＝常数，欲使 A 结点产生单位顺时针转角 $\theta_A=1$，须在 A 结点施加的外力偶为 $-8i$。（　　）

原因：

5. 图示结构 $EI=$常数,用力矩分配法计算时分配系数 $\mu_{A4}=4/11$。 （　　）

原因：

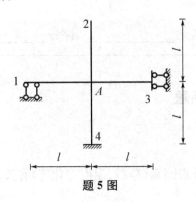

题 5 图

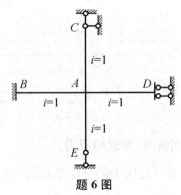

题 6 图

6. 图示结构用力矩分配法计算时分配系数 $\mu_{AB}=1/2,\mu_{AD}=1/8$。 （　　）

原因：

7. 在力矩分配法中反复进行力矩分配及传递,结点不平衡力矩愈来愈小,主要是因为分配系数及传递系数 <1。 （　　）

原因：

F-8.2　填空题。

1. 力矩分配法计算得出的结果,可能为 _____解,也可能为_____解。

2. 等直杆件的杆端转动刚度 S,等于_____时需要施加的力矩,它与_____和_____有关。

3. 在力矩分配法的计算中,当放松某个结点时,其余结点所处状态为_____。

4. 用力矩分配法计算时,放松结点的顺序对计算_____影响,而对计算结果_____影响。

5. 图示结构,用力矩分配法计算,分配系数 $\mu_{BA}=$_____、$\mu_{BC}=$_____;结点 B 的不平衡力矩(约束力矩)_____。

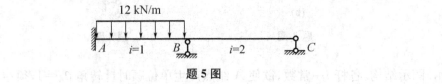

题 5 图

6. 用力矩分配法计算图示结构,各杆 l 相同,$EI=$常数。其分配系数 $\mu_{BA}=$_____,
$\mu_{BC}=$_____,$\mu_{BD}=$_____。

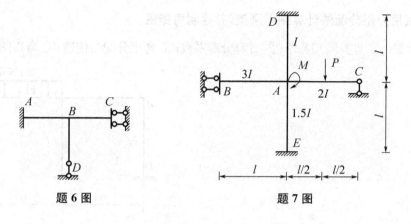

题 6 图　　　　　　　题 7 图

7. 若用力矩分配法计算图示刚架,则结点 A 的不平衡力矩为_____。

F‑8.3　**试用力矩分配法计算图示连续梁,并绘制弯矩图。**

解题步骤:① 计算固端弯矩;② 计算分配系数;③ 弯矩分配与传递;④ 弯矩图的绘制。

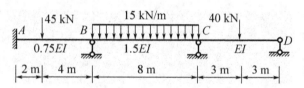

F‑8.4　试用力矩分配法计算图示刚架,并绘制弯矩图。

解题步骤：① 计算固端弯矩；② 计算分配系数；③ 弯矩分配与传递；④ 弯矩图的绘制。

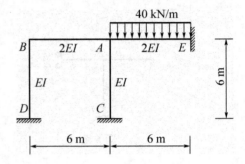

作业订正与思考：

F-8.5 试用无剪力分配法计算图示刚架,并绘制弯矩图。

解题步骤:① 计算固端弯矩;② 计算分配系数;③ 弯矩分配与传递;④ 弯矩图的绘制。

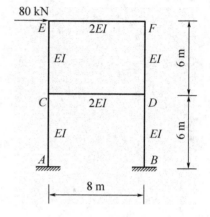

....

作业订正与思考:

F‑8.6 试用渐近法计算图示刚架,并绘制弯矩图。

解题步骤:① 计算固端弯矩;② 计算分配系数;③ 弯矩分配与传递;④ 弯矩图的绘制。

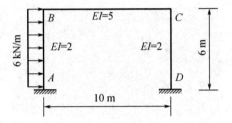

作业订正与思考:

第8章 渐近法及其他算法简述

班级＿＿＿＿＿＿ 学号＿＿＿＿＿＿ 姓名＿＿＿＿＿＿ 评分＿＿＿＿＿＿

（三）提高题

A-8.1 试用力矩分配法计算图示连续梁，并绘制弯矩图。

解题步骤：① 计算固端弯矩；② 计算分配系数；③ 弯矩分配与传递；④ 弯矩图的绘制。

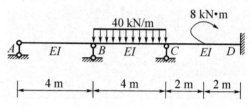

作业订正与思考：

A‑8.2 试用无剪力分配法计算图示刚架,并绘制弯矩图。

解题步骤:① 计算固端弯矩;② 计算分配系数;③ 弯矩分配与传递;④ 弯矩图的绘制。

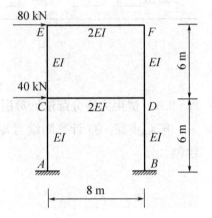

作业订正与思考:

第三部分
测试模拟试卷

　　第三部分的测试模拟试卷一共设置了 4 套,主要是将各章的基本题型统一为考试试卷的形式,难度与每章基础题的难度相当,以便学生在学习完本册内容后,可以在固定时间内(120 分钟)对自己的学习水平进行测试。

结构力学 A-1 测试模拟试卷(1)

班级_____ 学号_____ 姓名_____ 评分_____

题号	一	二	三	四	五	六	七	八	总分
得分									

一、(6分)**试分析图示结构体系的几何组成。**

分析过程(4分):

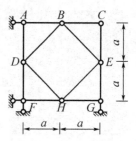

结论(2分):

二、(9分)**试计算图示桁架中 1、2 两根杆件的轴力。**

1. 支反力计算(3分);2. 1杆轴力(3分);3. 2杆轴力(3分)。

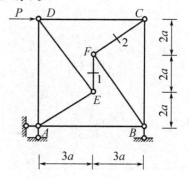

三、(10 分)**试计算图示组合结构的弯矩图和轴力图。**

　　1. 支反力计算(2 分);2. 弯矩图的绘制与计算(4 分);3. 轴力图的绘制与计算(4 分)。

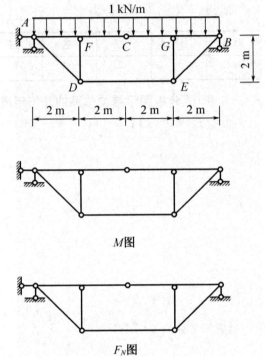

M图

F_N图

四、(8 分)**试计算图示结构 M_K、F_{QK} 的影响线,设以 M_K 下侧受拉为正。**

　　1. M_K 影响线的绘制与计算(4 分);2. F_{QK} 影响线的绘制与计算(4 分)。

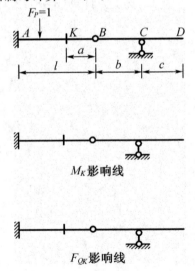

M_K影响线

F_{QK}影响线

五、(12 分)试计算图示梁上 C 点的垂直向位移 Δ_{CV}，EI 为常数。

1. M_P 图(3 分)；2. $\overline{M}$ 图(3 分)；3. 图乘(4 分)；4. 计算结果(2 分)。

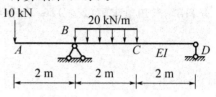

六、(10 分)试用无剪力分配法求解图示刚架，并绘制弯矩图。

1. 固端弯矩(2 分)；2. S、μ、C 的计算(3 分)；3. 分配过程(3 分)；4. 绘弯矩图(2 分)。

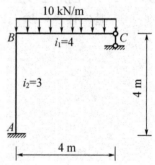

七、(25 分)**试用力法求解图示刚架,并绘制弯矩图。**

　　1. 基本体系(2 分);2. 基本方程(2 分);3. M_P图、$\overline{M}$图(6 分);4. 系数和自由项(10 分);5. 未知量求解(2 分);6. 绘制结构弯矩图(3 分)。

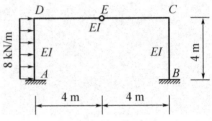

八、(20 分)**试用位移法列出图示刚架基本方程,并求解方程中的系数和自由项。**

　　1. 基本体系(2 分);2. 基本方程(2 分);3. M_P图、$\overline{M}$图(6 分);4. 系数和自由项(10 分)。

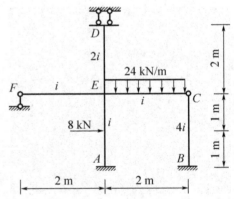

结构力学 A-1 测试模拟试卷(2)

班级_____　　学号_____　　姓名_____　　评分_____

题号	一	二	三	总分
得分				

一、(14 分)**选择题**。

1. (3 分) 图示体系的几何组成为　　　　　　　　　　　　　　　　　　(　　)

A. 瞬变体系

B. 几何不变体系,无多余约束

C. 几何不变体系,有多余约束

D. 可变体系

2. (3 分) 超静定结构在有温度变化时　　　　　　　　　　　　　　　(　　)

A. 无变形,无位移,无内力　　　　　B. 无变形,有位移,无内力

C. 有变形,有位移,有内力　　　　　D. 有变形,有位移,无内力

3. (8 分) 图示梁抗弯刚度为 EI,在荷载作用下 A 截面的竖向位移为(以向下为正)

(　　)

A. $\dfrac{296}{3EI}$　　　　　B. $-\dfrac{296}{3EI}$　　　　　C. $\dfrac{128}{EI}$　　　　　D. $-\dfrac{32}{EI}$

二、(28 分)**填空题**。

1. (9 分) 图(a)所示组合结构在荷载作用下, $N_{FG} =$ _____, $N_{FA} =$ _____, $N_{FD} =$ _____,在图(b)中画出梁式杆的弯矩图。

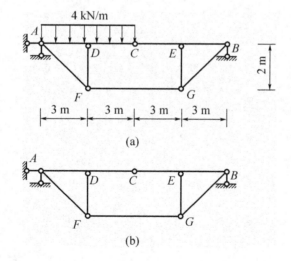

(a)

(b)

2.（10 分）作图示连续梁 M_B 和 Q_B 影响线，它们在 F 的竖标分别为_____，_____。

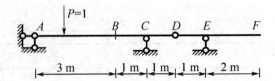

M_B 影响线：

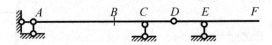

Q_B 影响线：

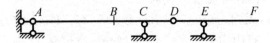

3.（9 分）在用弯矩分配法计算图示结构时，分配系数分别为：$\mu_{BA}=$_____，$\mu_{BC}=$_____，$\mu_{CD}=$_____。

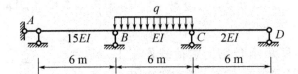

三、(58 分)**分析和计算题。**

1.（5 分）对图示体系进行几何组成分析。

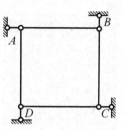

2.（24 分）用力法计算图示刚架，并作 M 图。（$EI=$ 常数）

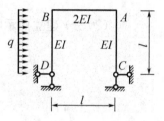

3.（9分）计算图示桁架中标有数字杆件的内力。

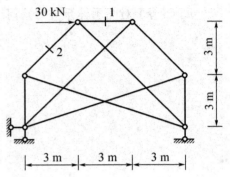

4.（20分）建立图示刚架位移法基本方程,并解出基本未知量。

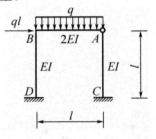

结构力学 A-1 测试模拟试卷(3)

班级_____ 学号_____ 姓名_____ 评分_____

题号	一	二	三	四	五	六	七	八	总分
得分									

一、(15 分)判断题,对的打"√",错的打"×"。

1. 静定结构的全部内力及反力只根据平衡条件求得,且解答是唯一的。　　( )

2. 如图所示结构支座 A 转动 φ 角,$M_{AB}=0$,$R_C=0$。　　( )

3. 如图(a)、(b)两种状态中,梁的转角 φ 与竖向位移 δ 间的关系为 $\delta=\varphi$。　( )

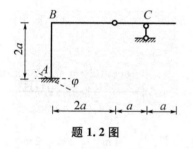

题 1.2 图

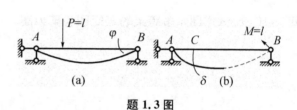

题 1.3 图

4. 在相同跨度及竖向荷载下,拱脚等高的三铰拱,水平推力随矢高减小而减小。　( )

5. 位移法典型方程的物理意义反映了原结构的位移协调条件。　　( )

二、(15 分)填空题。

1. 图示梁的 $EI=$ 常数,当两端发生图示角位移时引起梁中点 C 的竖直位移为_____。

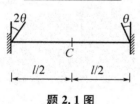

题 2.1 图

题 2.2 图

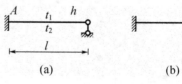

题 2.3 图

2. 图示结构的超静定次数为_____。

3. 图(a)结构,取图(b)为力法基本结构,h 为截面高度,α 为线膨胀系数,$t_2>t_1$,基本方程中的 $\Delta_{1t}=$ _____。

三、(10 分)选择题。

1. 图示结构的自由度 W 为   (   )

A. -1   B. 0   C. 1   D. 2

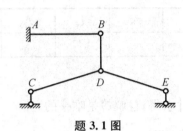

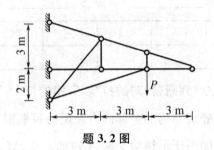

题 3.1 图   题 3.2 图

2. 图示结构的零杆根数是   (   )

A. 1   B. 3   C. 5   D. 7

四、(10 分)试作图示多跨梁的弯矩图和剪力图。

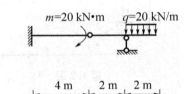

五、(10 分)试作图示刚架的弯矩图。

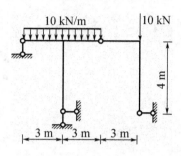

六、(15 分)计算图示结构并作 M 图，EI＝常数。

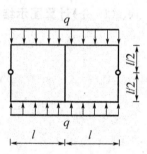

七、（10 分）试计算图示桁架中 **1**、**2**、**3** 三根杆件的轴力。

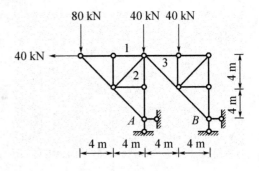

八、（15 分）计算图示结构并作 **M** 图，**EI**＝常数。

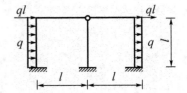

结构力学 A-1 测试模拟试卷(4)

班级_____　　学号_____　　姓名_____　　评分_____

题号	一	二	三	四	五	六	七	总分
得分								

一、(8分)判断题,对的打"√",错的打"×"。

1. 力法未知量的数目与结构的超静定次数有关。　　　　　　　　（　　）

2. 位移法典型方程的物理意义反映了原结构的位移协调条件。　　（　　）

3. 在温度变化、支座移动因素作用下,静定与超静定结构都有内力。（　　）

4. 静定结构的几何特征是几何不变且无多余约束。　　　　　　　（　　）

二、(26分)填空、分析题。

1. (3分)静定多跨梁包括_____部分和_____部分,内力计算从_____部分开始。

2. (3分)图示桁架内部的零杆有_____根,并在图中直接圈出零杆。

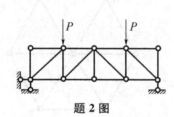

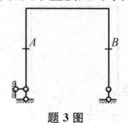

题2图　　　　　　　　题3图

3. (4分)若求图示结构中 A、B 两截面的相对水平位移,其虚设单位荷载如何设置,在图中画出单位荷载的位置与方向。

4. (5分)求图示简支梁跨中挠度,并写出图乘过程。

图乘计算式:

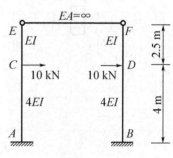

题4图

5.（3分）利用对称性对图示对称结构作出简化的等代结构（半边结构）图。

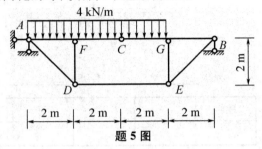

题 5 图

等代结构图：

6.（4分）用力矩分配法计算图示结构时，分配系数 $\mu_{BA} = $ _____，$\mu_{BC} = $ _____。

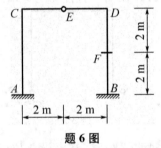

题 6 图

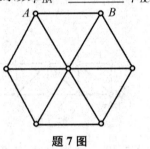

题 7 图

7.（4分）用几何组成知识判断图示体系为_____。

三、（6分）作图题，试快速绘制图示悬臂刚架的弯矩图。

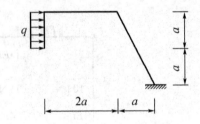

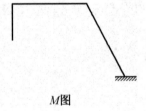

M图

四、(10 分)试计算图示桁架中 *a*、*b* 两根杆件的轴力。

1. *a* 杆轴力(5 分);2. *b* 杆轴力(5 分)。

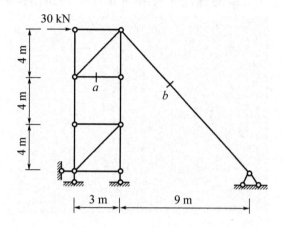

五、(14 分)试作图示多跨梁的弯矩图和剪力图。

1. 支反力计算(4 分);2. 剪力图的绘制与计算(5 分);3. 弯矩图的绘制与计算(5 分)。

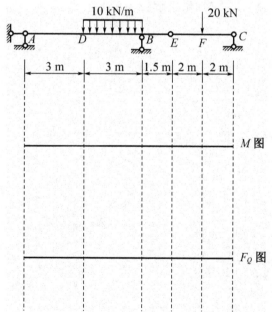

六、(18 分)**利用对称性和力法计算图示结构(忽略轴向变形),并绘制弯矩图。**

1. 对称性的利用(4 分);2. 分解结构的弯矩图计算(10 分);3. 绘制结构弯矩图(4 分)。

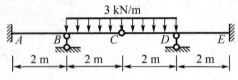

七、(18 分)**试用位移法分析图示刚架,并计算出基本未知量。**

1. 基本体系(2 分);2. 基本方程(2 分);3. M_P 图、$\overline{M}$ 图(6 分);4. 系数和自由项(6 分);5. 未知量求解(2 分)。

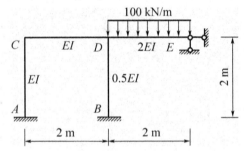

参考文献

[1] 龙驭球,包世华. 结构力学(I)[M]. 北京：高等教育出版社,2009.

[2] 李廉锟. 结构力学上册(第 5 版)[M]. 北京：高等教育出版社,2011.

[3] 单建,吕令毅. 结构力学(第 2 版)[M]. 南京：东南大学出版社,2011.

[4] 朱慈勉,张伟平. 结构力学上册(第 2 版)[M]. 北京：高等教育出版社,2010.

[5] 张来仪,景瑞. 结构力学上册[M]. 北京：中国建筑工业出版社,1997.

[6] 李家宝,洪范文. 结构力学上册(第 4 版)[M]. 北京：高等教育出版社,2008.

[7] 雷钟和,江爱川,郝静明. 结构力学释疑(第 2 版)[M]. 北京：清华大学出版社,2008.

[8] 于玲玲. 结构力学研究生考试指导[M]. 北京：中国电力出版社,2011.

[9] 赵更新. 结构力学辅导[M]. 北京：中国水利水电出版社,2001.

[10] 邓秀太. 结构力学解题及考试指南[M]. 北京：中国建材工业出版社,1995.